粮食、果蔬等农产品加工废弃物资源化利用技术及标准研究

◎ 孙彩霞　李庆鹏　主编

中国农业科学技术出版社

图书在版编目（CIP）数据

粮食、果蔬等农产品加工废弃物资源化利用技术及标准研究 /
孙彩霞，李庆鹏主编 . -- 北京：中国农业科学技术出版社，2022.9
　ISBN 978-7-5116-5861-6

　Ⅰ.①粮…　Ⅱ.①孙…②李…　Ⅲ.①农产品加工－农业废物－
废物综合利用－研究－中国　Ⅳ.① X71

中国版本图书馆 CIP 数据核字（2022）第 142228 号

责任编辑　白姗姗
责任校对　马广洋
责任印制　姜义伟　王思文

出 版 者　中国农业科学技术出版社
　　　　　北京市中关村南大街 12 号　　邮编：100081
电　　话　（010）82106638（编辑室）　（010）82109702（发行部）
　　　　　（010）82109709（读者服务部）
网　　址　http://www.castp.cn
经 销 者　各地新华书店
印 刷 者　北京建宏印刷有限公司
开　　本　170 mm×240 mm　1/16
印　　张　11.75　彩插 8 面
字　　数　200 千字
版　　次　2022 年 9 月第 1 版　2022 年 9 月第 1 次印刷
定　　价　80.00 元

《粮食、果蔬等农产品加工废弃物资源化利用技术及标准研究》

编 委 会

　　深化农业供给侧结构性改革，提高粮食、果蔬副产物综合利用率，加快构建节粮减损长效机制，是面对新形势下粮食安全的重要任务。加强农业废弃物资源化利用，不仅有助于农业清洁生产的推行和农村生态环境的改善，还有助于从天然农产品中充分利用有用资源，满足人们对绿色健康农产品和食品原料的需求。发达国家农产品加工业发展较早，粮食、果蔬加工废弃物资源化利用的研究很多，在技术标准的应用中已有良好基础。在美国，果皮、果渣作为猪、鸡、牛的标准饲料成分已列入该国颁布的饲料成分表中；在日本，酵素已是非常流行的功能性食品。我国是粮食和果蔬生产大国，随着农产品加工业的产业升级和飞速发展，加工废弃物资源化利用技术正逐步完善。标准是产业发展的重要技术支撑，对规范产业发展、提高产品质量和技术水平、推动产业转型升级具有重要的作用。但是，我国在农业清洁和循环生产方面缺乏标准，在产业发展和规划中缺少有效标准的指导，急需开展系统研究。

　　本书以粮食、果蔬加工废弃物资源化利用技术与标准研究为核心，系统开展了稻谷、玉米、马铃薯、木薯、甘薯、苹果、石榴、柑橘等大宗农产品加工废弃物的资源化利用关键技术研究与标准构建；总结了粮食、果蔬废弃物分类及资源化利用技术标准研究与应用现有技术方法，通过试验和同行对比，确定在加工方法、工艺过程、关键技术环节的参数；旨在为几种大宗农产品的废弃物资源化利用和技术标准体系构建提供参考，为生产中农业废弃物难利用、利用成本高、产出产品效益差的关键技术问题提供解决方案。

本书由浙江省农业科学院、中国农业科学院农产品加工研究所、中国科学院兰州化学物理研究所、中国热带农业科学院热带作物品种资源研究所、中国科学院成都生物研究所、陕西师范大学等单位共同编写，历经4年多的准备、撰稿、修改。本书的出版得到了国家重点研发计划项目"农业清洁与循环生产共性技术标准研究"（2018YFF0213505）的支持。由于编者水平有限，书中难免存在不足和疏漏之处，敬请读者批评指正。

编　者

2022 年 3 月

CONTENTS **目录**

● **第一篇　概述篇** ●

第一章　粮食果蔬农业废弃物资源化利用现状与标准研究现状 3

　　第一节　加强粮食果蔬废弃物资源化利用是产业发展内在需求 3

　　第二节　我国当前对粮食果蔬废弃物资源化利用的文件要求 4

　　第三节　当前粮食果蔬废弃物资源化利用的主要技术标准 5

　　第四节　粮食果蔬废弃物资源化利用标准体系的构建 7

● **第二篇　粮食篇** ●

第二章　稻谷加工副产物资源化利用与标准研究 11

　　第一节　我国稻谷产业现状与废弃物资源化利用 11

　　第二节　碎米蛋白和麦芽糖的提取 12

　　第三节　基质化利用 13

　　第四节　肥料化利用 15

　　第五节　本章小结 17

第三章　玉米加工副产物资源化利用与标准研究 18

　　第一节　我国玉米产业现状与废弃物资源化利用 18

　　第二节　玉米须多糖的提取工艺 18

第三节　玉米须多糖工艺优化研究...20

第四节　玉米须多糖的活性功效...21

第五节　其他玉米加工废弃物的资源化利用.................................22

第六节　本章小结...23

第四章　马铃薯加工废弃物回收利用与标准研究.................................24

第一节　马铃薯产业现状...24

第二节　马铃薯渣发酵制备高蛋白饲料...25

第三节　马铃薯渣饲用方式...26

第四节　马铃薯渣饲用效果...29

第五节　汁水蛋白回收...31

第六节　废水肥水化还田利用...37

第七节　本章小结...47

第五章　木薯加工废弃物资源化利用与标准研究.................................49

第一节　木薯嫩茎叶饲料化利用现状...49

第二节　木薯嫩茎叶废弃物资源化利用研究现状.........................50

第三节　木薯茎叶生氰糖苷提取与检测...54

第四节　木薯嫩茎叶青贮饲料原料选择研究.................................57

第五节　刈割对木薯嫩茎叶饲料化利用营养品质的影响与评价....60

第六节　木薯嫩茎叶青贮饲料的制备...63

第七节　木薯嫩茎叶青贮与品质评价...66

第八节　本章小结...69

第六章　甘薯加工废弃物资源化利用与标准研究.................................70

第一节　我国甘薯产业现状...70

第二节　甘薯渣制备蛋白饲料技术...71

第三节　甘薯渣丁醇发酵技术...74

第四节　本章小结...75

◉ 第三篇 果蔬篇 ◉

第七章 苹果酵素抗氧化活性与标准研究..79

第一节 苹果加工业现状..79

第二节 国内外果蔬酵素产业发展的现状..80

第三节 苹果酵素发酵工艺研究..85

第四节 抗氧化研究..104

第五节 本章小结..106

第八章 石榴皮渣（籽）膳食纤维制备技术与标准研究..107

第一节 石榴皮渣（籽）资源及其现状..107

第二节 膳食纤维的研究进展..111

第三节 超声提取石榴皮渣（籽）膳食纤维..119

第四节 碱法改性石榴皮渣（籽）膳食纤维..125

第五节 石榴皮渣（籽）、提取膳食纤维和改性膳食纤维组成和
性质的比较..132

第六节 本章小结..140

第九章 柑橘加工废弃物及资源化利用..141

第一节 柑橘产业现状..141

第二节 柑橘中黄酮提取工艺研究..142

第三节 果胶提取技术与标准..145

第四节 提取挥发油..146

第五节 本章小结..147

第十章 结论与展望..148

参考文献..150

附　图..171

• 第一篇 •

概述篇

第一章

粮食果蔬农业废弃物资源化利用现状与标准研究现状

第一节 加强粮食果蔬废弃物资源化利用是产业发展内在需求

农产品加工业是构建乡村产业链的核心，是新形势下构建"一乡一品一产业""一村一品"等富农强县产业的关键环节。近年来，我国农产品加工保持了持续快速发展的态势，为农业转型升级、农民就业增收和农业农村现代化做出了贡献。在乡村振兴和共同富裕发展背景下，做大做强农产品加工产业是今后的发展重点。当前农产品加工业发展主要特点有两个：一是农产品加工企业下沉，我国和各省的共同富裕方案中都提出支持地方农产品加工产业园建设，在粮食生产核心县和乡镇，培育一批农产品加工主体。2020年7月，农业农村部印发《全国乡村产业发展规划（2020—2025年）》，提出到2025年，农产品加工业与农业总产值比从2.3∶1提高到2.8∶1，主要农产品加工转化率从67.5%提高到80%，农产品加工业结构布局进一步优化。二是加强对农产品加工副产物的综合利用。针对目前我国粮食安全的挑战，2020年《农业农村部关于促进农产品加工环节减损增效的指导意见》要求，"推进果蔬类副产物综合利用。引导果蔬加工企业应用生物发酵、高效提取、分离和制备等先进技术，综合利用果皮果渣、菜叶菜帮等副产物，开发饲料、肥料、基料以及果胶、精油、色素等产品，实现变废为宝、化害为利"。

随着生物技术的发展，农产品加工废弃物利用方式逐步被发掘。利用废弃物直接利用加工成工艺品；生产堆肥弥补我国土壤有机质缺乏现状；生产饲料弥补国内蛋白饲料紧缺问题；开展基质化利用促进经济作物和食用菌产业发展；开展高值化利用提取食品、医药原料满足人们对天然食品的需求已经逐步发展，成为农产品产业发展、增加产品附加值和减少生态环境污染的有效措施。面对当前人们对天然食品原料需求的增长、城镇化加速及能源紧张等问题,生物质综合利用成为重点发展方向。因此有必要建立农产品加工废弃物再生利用的国家标准,作为落实乡村振兴、农业绿色发展和废弃物资源化利用的技术支撑。在当前农产品加工产业发展与加强农产品加工废弃物资源化利用确保粮食安全的大背景下,有必要从资源循环利用、推进先进适用生产工艺的使用、促进农产品初加工、精深加工和综合利用协调发展等,推进农产品废弃物资源化利用的标准体系建设。

第二节　我国当前对粮食果蔬废弃物资源化利用的文件要求

2018 年,《中共中央　国务院关于全面加强生态环境保护坚决打好污染防治攻坚战的意见》明确提出,"坚持节约优先,加强源头管控,转变发展方式,培育壮大新兴产业,推动传统产业智能化、清洁化改造,加快发展节能环保产业,全面节约能源资源,协同推动经济高质量发展和生态环境高水平保护"。

2015 年,《国务院办公厅关于加快转变农业发展方式的意见》提出,"把转变农业发展方式作为当前和今后一个时期加快推进农业现代化的根本途径,以发展多种形式农业适度规模经营为核心,以构建现代农业经营体系、生产体系和产业体系为重点,着力转变农业经营方式、生产方式、资源利用方式和管理方式,推动农业发展由数量增长为主转到数量质量效益并重上来,由主要依靠物质要素投入转到依靠科技创新和提高劳动者素质上来"。

2015 年,《全国农业可持续发展规划(2015—2030 年)》明确将推进生态循环农业发展作为当前农业生产的主要任务。"优化调整种养业结构,促进种养循环、农牧结合、农林结合。支持粮食主产区发展畜牧业,推进'过腹还田'。积极发展草牧业,支持苜蓿和青贮玉米等饲草料种植,开展粮改饲和种养结合型循环农业试点。因地制宜推广节水、节肥、节药等节约型农业技术,以及'稻鱼共生''猪沼果'、林下经济等生态循环农业模式。到 2020 年国家现代农业示范区和粮食主产县基本实现区域内农业资源循环利用,到 2030 年全国基本实现农业废弃物趋零排放"。

2016 年,《关于推进农业废弃物资源化利用试点的方案》明确提出,农业废弃物资源化利用是农村环境治理的重要内容。农业废弃物资源化利用应以就地消纳、能量循环、综合利用为主线，采取政府支持、市场运作、社会参与、分步实施的方式，注重县乡村企联动、建管运行结合。2016年以来，北京、河北、山西、黑龙江、江苏、浙江、福建、山东、江西、河南、湖北、湖南、广东、广西、海南、四川、云南、陕西等省区市，以及新疆生产建设兵团等已先后开展农业废弃物综合利用试点。

2020年，《农业农村部关于促进农产品加工环节减损增效的指导意见》提出，"到2025年，农产品加工环节损失率降到5%以下。到2035年，农产品加工环节损失率降到3%以下"。"推进绿色生产，发展综合利用加工减损增效。推进粮食类副产物综合利用。引导粮食加工企业应用低碳低耗、循环高效的绿色加工技术，综合利用碎米、米糠、稻壳、麦麸、胚芽、玉米芯、饼粕、油脚等副产物，开发米粉、米线、米糠油、胚芽油、膳食纤维、功能物质、多糖多肽等食品或食品配料，生产白炭黑、活性炭、助滤剂等产品，提高粮食综合利用效率"。

第三节 当前粮食果蔬废弃物资源化利用的主要技术标准

当前我国加工废弃物相关的标准主要涉及国家标准、行业标准、地方标准或团体标准。根据全国标准信息公共服务平台的信息［全国标准信息公共服务平台（samr.gov.cn）］，我国现有的关于粮食、果蔬加工废弃物资源化利用的标准见表1-1。

表1-1 粮食果蔬加工废弃物资源化利用的主要技术标准

序号	标准名称	标准编号	类别
1	农业废弃物综合利用 通用要求	GB/T 34805—2017	国家标准
2	葡萄籽油	GB/T 22478—2008	国家标准
3	蔬菜废弃物高温堆肥无害化处理技术规程	NY/T 3441—2019	农业行业标准
4	超市废弃物处理指南	SB/T 10814—2012	商务部行业标准
5	蔬菜废弃物资源化处理技术规程	DB12/T 605—2015	天津市地方标准

续表

序号	标准名称	标准编号	类别
6	木薯加工废弃物有机肥料生产技术 规程	DB45/T 1846—2018	广西壮族自治区地方标准
7	木薯秆（渣）栽培食用菌技术规程	DB35/T 1159—2011	福建省地方标准
8	蔬菜收获废弃物处理技术规程	DB23/T 2806—2021	黑龙江省地方标准
9	稻壳废弃物综合利用生产白炭黑用稻壳 加工技术规范	DB23/T 2991—2021	黑龙江省地方标准
10	稻壳灰废弃物综合利用生产白炭黑用稻壳灰 加工技术规范	DB23/T 2992—2021	黑龙江省地方标准
11	稻谷资源综合利用技术规范 第1部分：碎米淀粉提取	DB34/T 2907.1—2017	安徽省地方标准
12	稻谷资源综合利用技术规范 第2部分：碎米蛋白提取	DB34/T 2907.2—2017	安徽省地方标准
13	酱香型白酒酿酒用谷壳	DB52/T 869—2014	贵州省地方标准
14	食用菌栽培用米糠	T/LNSLX 015—2021	辽宁省粮食行业协会团体标准
15	啤酒用大米、碎米	T/LNSLX 016—2021	辽宁省粮食行业协会团体标准
16	马铃薯淀粉加工中薯渣及蛋白质回收技术规范	DB62/T 2999—2019	甘肃省地方标准
17	马铃薯渣与干秸秆混合贮藏技术规程	DB1308/T 261—2019	承德市地方标准

当前我国粮食果蔬加工废弃物资源化利用技术标准数量不多，国家标准《农业废弃物综合利用 通用要求》（GB/T 34805—2017）从社会化服务角度，规定了农业废弃物分类、综合利用总体要求、肥料化、饲料化、能源化和原料化利用，以及综合利用组织机构的基本要求。农业行业标准目前仅有蔬菜废弃物高温堆肥技术标准，商务部主要是超市废弃物处理的技术标准。广西、福建、黑龙江、安徽、贵州、辽宁等省（区）结合本省（区）大宗农产品，建立了木薯、蔬菜、稻谷、马铃薯等产品的废弃物资源化利用技术标准。

与当前对粮食果蔬废弃物资源化利用的高要求相比，我国当前粮食、果蔬废弃物资源化利用的技术标准相对缺乏，有必要开展系统化研究。

第四节　粮食果蔬废弃物资源化利用标准体系的构建

本研究的技术路线图见图 1-1。

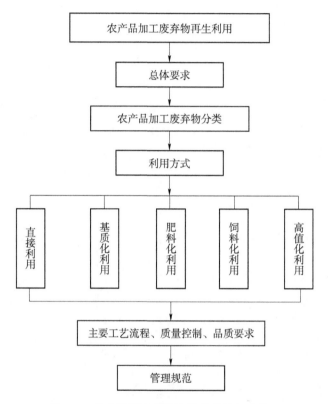

图 1-1　粮食果蔬废弃物资源化利用标准体系

随着我国农产品加工业的发展和中小型农产品加工企业向县（市、区）下沉，通过综合利用，把农产品资源"吃干榨净"，使其物尽其用，有利于利用副产物有机特性，形成一举多得的农业循环链。粮食、果蔬加工废弃物以碳水化合物为主，不仅含有丰富的有机质以及营养元素，而且无毒、易吸附灭菌、保水能力强，是生产饲料和有机肥的良好原料。当前粮食、果蔬废弃物资源化利用方式主要分为直接利用、基质化利用、肥料化利用、饲料化利用、高值化利用等。

• 第二篇 •

粮食篇

第二章

稻谷加工副产物资源化利用与标准研究

第一节 我国稻谷产业现状与废弃物资源化利用

我国是世界上最大的稻谷生产国,每年的产量在 2 亿 t 左右,居世界首位。稻谷加工过程中副产物产量高,占总重量的 20% 以上。在一些发达国家大米生产技术比较成熟的背景下,有很多制米企业和科研院所逐步将研究重心转移到稻谷的精深加工和综合开发利用方向上。稻谷加工副产物有米糠、稻壳、碎米等。在国外,米糠等稻谷加工副产物的综合利用很受重视,特别是在美国和日本,已广泛应用于饲料、医药、食品、化妆品、化工、建材、污水处理及能源等领域,大大提高了稻谷加工副产物的经济效益。我国每年稻米加工所产生的4 000 多万吨稻壳、3 000 多万吨碎米、1 400 多万吨米糠等有价值的副产品尚未得到很好的开发利用。稻谷加工废弃物综合利用及理论研究起步较晚,目前还处于较低水平,有效利用率及经济效益低,造成极大的资源浪费。

我国大部分地区稻谷加工目前处于一种自给自足的初级加工状态,仅仅满足口粮需要,有效利用率仅在 65% 左右,副产品再加工利用极少,资源综合利用水平较低。若将这些稻谷加工副产物进行综合利用和增值转化,对充分利用我国的粮食资源、促进粮食工业的发展具有深远的意义。近年来,我国对稻谷加工副产物的综合利用也越来越重视。稻谷加工副产物有米糠、稻壳和碎米等。米糠中可以提取米糠油,米糠油在欧、美、日等国家和地区十分畅销,可作为烹调用油,也可制作油炸食品、罐头、人造奶油及各种糕点等。日本还以米糠油为基础油,配以红花籽油制成健康油,用于方便面煎炸。我国在米糠油生产中也有产业化应用。稻谷加工的碎米是生产蛋白和麦芽糖的优质原料,在食品加工业中具有广泛的用途。稻壳应用广泛,可作为基质、垫料或饲料。稻壳含有大量的碳、氮、磷、钾以及多种微量元素，它在经过发酵以后可以制成基质，可以施用在农田或者园林中，对促进植物生长有很大的好处。稻壳营养丰富，可以制成饲料供家畜食用。制作饲料时，将其与豆科秸秆一起混合均匀，加入酵母和纤溶酶或乳酸菌等多种生物菌剂，加工以后得到的饲料更适合动物食用，其营养成分也更易吸收。采用现代生物技术，稻谷加工废弃物还可以提取米糠蛋白，提高米糠资源附加值。

第二节　碎米蛋白和麦芽糖的提取

稻米的成分主要包括淀粉、蛋白质及其他，其中淀粉的含量最高，蛋白质较少。稻米由皮层、胚乳和胚三部分组成：稻米的皮层在最外层，包裹着胚乳和胚，富含维生素、蛋白质、膳食纤维，以及钙、铁、锌等微量元素；胚乳中的主要营养物质是淀粉和蛋白，它热量低，脂肪含量也低，可作为低热量、低脂肪产品的主要成分；胚营养丰富，不仅有大量的活性物质，还富含多种维生素和蛋白质。

在长期的生产加工过程中，我国加工生产的稻米只能满足人们对于食粮的要求，对于一些在生产加工过程中的其他产品并没有能够较多地加工和利用，如稻壳、米糠和碎米，往往能够达到千万吨的产量，也需要加以利用和整合。与普通的大米相比，碎米的粒径较小，尽管二者同样具有含量较高的淀粉及蛋白质，但是在价格上碎米具有绝对优势，会比平常的大米优惠30%~45%。利用碎米成本较低的优势，除了可以节省原料的成本，更有利于碎米的开发利用。碎米的利用可以更好地推进资源节约，这不仅会带动粮食产业的发展，而且还能促进粮食加工行业的提升。所以，对碎米产品的研发应集中于对其蛋白淀粉进行提取利用。

限于现有的碾米技术，稻米在加工碾白过程中受到摩擦力和碾磨力的作用会产生15%~30%的碎米。碎米的食用品质较整米差，大多用于米粉、饲料或酿酒。用于提取碎米淀粉或麦芽糖会提升碎米的利用价值。碎米的提取工艺以碱法工艺比较成熟。

一、碎米制备米蛋白

作为良好的植物蛋白，米蛋白在大米中含量较低，一般为8%左右，但它不含有任何抗营养因子，无色素干扰，味道柔和，具有良好的消化性、低过敏性以及较高的营养价值。米蛋白由碱溶性的谷蛋白、水溶性的清蛋白以及盐溶性的球蛋白和醇溶性的谷蛋白组成。因此，米蛋白的提取一般为碱液提取法和蛋白酶提取法，碱液提取法工艺过程简单，使用成本低，但容易破坏氨基酸，碱液也会造成环境污染等问题；蛋白酶提取法的使用成本较高，因此两种方法均需进一步完善。

二、碎米制备麦芽糖

将碎米粉碎，加入 pH 值为 7.0 的中性蛋白酶充分反应，加入 NaOH 溶液终止反应，离心，去除上层黑黄色杂质以及上清液，重复以上操作，直至无暗色上层杂质，将沉淀烘干，粉碎后即得碎米淀粉。

将制备好的碎米淀粉进行调浆，然后加入耐高温的 α-淀粉酶液化，冷却后再加入 β-淀粉酶和普鲁兰酶糖化，置于 100℃ 的条件下进行灭酶处理，过滤、脱色、过滤，然后进行离子交换后浓缩，最后得到碎米麦芽糖。

第三节　基质化利用

稻谷加工过程中产生的米糠是良好的育苗基质，此外，玉米芯、花生壳、甜菜渣、薯渣、麦麸等也可以作为基质生产的主要原料。

近年来，我国无土栽培和育苗技术发展迅速，对育苗基质数量和质量的要求显著增加。目前市场上的基质品质参差不齐。进口泥炭及草炭价格昂贵、数量有限，不能满足需求。农田秸秆废弃物生产的基质产品质量相对较低，难以满足无土栽培和高端市场要求。利用质量相对稳定的农产品加工废弃物生产出的基质产品，理化性质稳定、价格低廉、品质较好，已成为当今研究的热点。未来农产品加工废弃物通过堆肥化所生产的混合基质将得到大范围的推广，简单、方便、高品质的有机生态型基质将得到大面积应用，并且重复利用率将得到提高。

稻壳、木薯渣、甘薯渣、谷壳、米糠等，作为农业固体废弃物的一类，是堆肥工艺中很好的辅料，具有质地轻、碳氮比高、通气性好、价格低廉等优点，对碳氮化的调节及氧气的通达具有较强的促进作用。

多方研究发现，稻壳发酵完成后，通常要再与珍珠岩或田间土混合才能达到理想基质的要求。如单一用稻壳堆肥作为育苗基质时，存在 pH 值过高及容重偏低的现象，需在堆肥物料中添加一定辅料进行调节，如磷石膏、石膏等。菜籽饼（油枯）是油菜籽榨油后的副产品，属于热性肥料，具有高氮特性，如作为肥料直接施用，容易损伤作物根系，影响种子发芽，因此需要进行发酵处理方可使用。

大量研究表明，在堆肥过程中添加一定比例的磷石膏及石膏不仅可以调节 pH 值，而且能够增加堆肥的容重，改善堆肥理化特性。外源添加 10% 或 20% 的磷石膏均可促进堆肥腐熟化进程，且满足腐熟标准；通过研究胶籽油枯—锯末—磷石膏联合堆肥及稻壳堆肥中添加 10% 的磷石膏发现，堆肥结束以后，其产物 pH 值为 6.0～6.5。添加磷石膏能够促进堆肥腐熟化进程，且显著降低堆肥产物 pH 值，满足基质化利用要求。此外，堆肥过程中磷石膏的添加，可以起到保氮和改善堆肥品质的目的，且石膏作为调理剂能显著增加堆肥产物的容重，但当添加量超过 20% 时将不利于氮素的保存，以及影响堆肥品质的提升。因此，农产品加工废弃物用作基质，首先必须考虑 pH 值和容重，磷石膏及石膏作为堆肥调理剂，一方面可以增加堆肥产品的容重，另一方面磷石膏对堆肥发酵过程中的碱化趋势有缓解作用。因此，以稻壳与油枯作为堆肥主要原料，分别添加基于堆肥有机物料（干质量）20% 的磷石膏和 20% 的石膏作为酸性及容重调理剂，可以实现通过堆肥方式使稻壳直接基质化利用的可能。基质化利用的主要工艺流程见图 2-1。

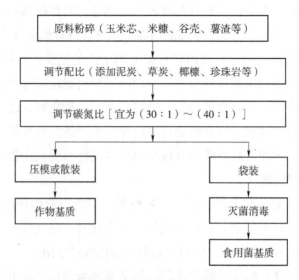

图 2-1 农产品加工废弃物基质化利用主要工艺流程

　　基质化利用主要的关键步骤是物料的混合、调节碳氮比，用于食用菌的栽培基质需要考虑灭菌的技术要求。

　　物料混合可以参照农业部行业标准《无公害食品 食用菌栽培基质安全技术要求》（NY 5099—2002），其中对物料的要求有：主料为除桉、樟、槐、苦楝等含有害物质树种外的阔叶树木屑；自然堆积 6 个月以上的针叶树种的木屑；稻草、麦秸、玉米芯、玉米秸、高粱秸、棉籽壳、废棉、棉秸、豆秸、花生秸、花生壳、甘蔗渣等农作物秸秆皮壳，糠醛渣、酒糟、醋糟。要求新鲜、洁净、干燥、无虫、无霉、无异味。辅料为：麦麸、米糠、饼肥（粕）、玉米粉、大豆粉、禽畜粪等。要求新鲜、洁净、干燥、无虫、无霉、无异味。覆土材料为：泥炭土、草炭土。

　　《蔬菜育苗基质》（NY/T 2118—2012）对用于蔬菜的育苗基质的物理性状和化学性状做了规定。

　　对用于食用菌栽培的基质，考虑后期接种需要，应采用灭菌处理，并满足《食用菌栽培基质质量安全要求》（NY/T 1935—2010）的规定。

第四节　肥料化利用

　　稻壳是稻米加工过程中数量最大的副产品，按重量计约占稻谷的 20%，稻壳除少量用于酿酒原料、饲料外，是生产肥料的优质原料。稻壳在土壤中分解十分缓慢，有必要进行发酵腐熟，以加快分解速度。如果不提前进行腐熟，在分解的过程中需要大量的氮素，会造成和农作物争水争肥现象，不利于农作物正常生长。稻壳富含纤维素、木质素、二氧化硅；脂肪和蛋白质含量极低。稻壳最为显著的特点是高灰分（7%～9%）和高硅石含量（20% 左右），具有良好的韧性、多孔性、低密度（112～144 kg/m³）以及质地粗糙等。此外，粮食、果蔬生产中产生的玉米芯、果壳、果皮、木薯皮、木薯渣等不宜用于其他用途的废弃物也可以用于堆肥原料。

　　堆肥生产的主要工艺流程有原料粉碎→调节水分含量→发酵。为保证堆肥的质量和发酵的一致性，堆肥之前应先对原料进行粉碎处理。用于堆肥的原料颗粒不宜过大，玉米芯、果壳和木薯皮等应经过粉碎处理成半径 2～5 cm 的颗粒物。

调节含水量是控制堆肥发酵的关键步骤，一般粮食、果蔬加工废弃物的含水量为80%～90%，而用于堆肥发酵的原料含水量在50%～65%最佳。因此水分调控是堆肥发酵准备的关键步骤，建议水分含量较高的原料应充分晾干，水分含量较低的应适当补水。或将果皮、薯渣等含水量较高的原料与米糠、谷壳等含水率较低的原料混合使用，既可以实现废弃物综合利用，又可以减少高水分含量废弃物后续加工的能源消耗。

堆肥发酵主要是添加微生物或生物菌剂进行发酵。将粉碎后的原料，添加有机物料腐熟剂，后建堆发酵。菌种活化宜选择利于植物纤维素高温降解的菌种，如链霉菌。农产品加工废弃物相对较清洁，也可作为生物有机肥的原料。

2016年，农业部出台了《农作物秸秆综合利用技术通则》（NY/T 3020—2016）规定了稻谷、小麦、玉米、薯类、油料和棉花等农作物秸秆综合利用中有关资源调查与评价，秸秆收储运，肥料化、饲料化、燃料化、基料化等利用中的通用技术要求，但缺少对农产品加工废弃物堆肥的技术要求。与秸秆堆肥相比，农产品加工废弃物含水量较大，相对清洁。因此有必要加强水分调控。与秸秆比较，农产品加工废弃物是生产生物菌肥的优质原料。

堆肥的主要工艺流程见图2-2。

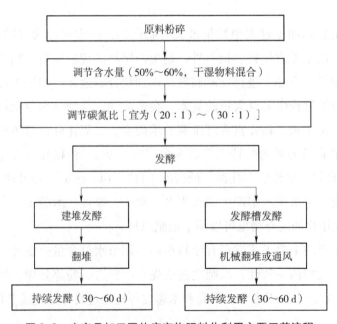

图2-2　农产品加工固体废弃物肥料化利用主要工艺流程

有机肥和生物菌肥的质量控制主要参照现有标准：《有机肥料》（NY/T 525—2021）和《生物有机肥》（NY 884—2012）。

堆肥生产的主要关键控制步骤有：水分控制、碳氮比调节和发酵翻堆方法。目前我国现行标准中，参照《蔬菜废弃物高温堆肥无害化处理技术规程》（NY/T 3441—2019），主要关键参数如下：水分控制调整为50%～60%；碳氮比调节为（20：1）～（30：1）；主发酵周期为55～65℃；主发酵周期为10～15 d，次发酵周期不少于15 d。

第五节　本章小结

我国稻米种植数量大，碎米资源十分丰富，具有广泛的发展利用前景。虽然我国大米制品属于初级加工产品，技术含量比较低，加工所产生的碎米利用率不高，但是随着科技的发展与相关从业人员的不断努力，碎米的利用率在逐步提升。碎米中的蛋白质因其低过敏性及高营养性而受到国内外食品学者的青睐，因此碎米蛋白也能得到有效地利用，可生产大米改性蛋白。同时碎米可以进行其他方面的应用，例如制作米茶，用碎米做成面包、溶豆等烘焙食品，制成米粉、米乳饮料等。相信随着技术的不断发展，碎米的精深加工一定有着广阔的前景。

稻谷加工过程中产生的米糠是生产基质和堆肥的良好原料，同时由于米糠含水量低，在生产中还可以用于与其他含水量较高的蔬菜、果蔬等废弃物混合，降低原料的整体含水量，利于后续加工利用。可以满足我国当前饲料不足和有机肥短缺的现状，从而实现资源的综合利用，在现代化发展背景下促进农业废弃物资源的整合发展。

第三章

玉米加工副产物资源化利用与标准研究

第一节　我国玉米产业现状与废弃物资源化利用

　　我国是玉米种植大国，种植面积和产量均居世界第二位。我国玉米是关系粮食安全的重要作物，主要用于饲用消费和工业消费。"十三五"以来，受国际市场玉米价格的影响，国家对玉米种植面积进行了结构性调整。我国农业部 2016 年制定下发了《关于"镰刀弯"地区玉米结构调整的指导意见》，明确提出，到 2020 年，"镰刀弯"地区玉米种植面积稳定在 1 亿亩（1 亩 ≈ 667 m^2），约 667 万 hm^2。

　　玉米加工过程中主要产生苞叶、玉米芯、玉米须等废弃物，均具有较高的利用价值。其中玉米多糖的利用是产业化发展现状最好的利用方式。据估算，我国玉米须的年产量在 750 万 t 以上，它不仅是玉米生产的副产品，也是一种中药材，来源丰富，取材简便、成本低廉。但大部分玉米须都作为农业废弃物丢弃，其经济价值没有得到真正的开发利用。玉米须中具有多种活性成分，其中玉米须多糖含量占玉米须干重的 4.87%，为玉米须功能因子中含量最高的物质，具有降血糖、调节免疫、抗肿瘤、抗菌及促进肠道蠕动等多种功效。研究表明，玉米须多糖在医药、食品方面均有很好的应用前景和开发价值。

第二节　玉米须多糖的提取工艺

　　目前国内对玉米须多糖的提取主要包括水提醇沉法、超声波辅助提取法、微波辅助法提取法及酶辅助提取法。其中水提醇沉法是提取玉米须多糖最为常用的方法。超声、微波辅助提取和酶辅助提取法等技术尚不成熟，由于多种原因仅停留在实验室研究阶段。

一、水提醇沉法

因多糖在热水中具有较好的溶解性，在冷水中溶解度较低，一般采用60～100℃、热水提取2～4次、每次提取1～3 h 的方法，通过此法可提取植物中的大部分多糖成分；利用多糖不溶于乙醇等有机试剂的性质，向提取液中加入乙醇可将多糖析出，首先沉降的是较大分子量的多糖，随着乙醇浓度的升高，更小分子量的多糖可逐级析出。该方法设备简单、操作方便、适用面广，可用于粗多糖的制备和初步纯化。根据研究发现，玉米须多糖的提取率受到多种因素的影响，包括提取温度、提取时间、提取次数、料液比以及乙醇浓度等。金丽梅等研究了水提醇沉法提取玉米须多糖的工艺，通过正交试验优化的最佳工艺条件为：料液比 1：16（g/mL）、乙醇浓度 75%、提取温度 100℃、提取时间 1 h，提取次数为 4 次。在此提取工艺条件下，玉米须多糖提取率为 4.68%。范方宇等通过正交试验优化的最佳工艺条件为：料液比 1：19（g/mL）、乙醇浓度 75%、提取温度 60℃、提取时间 2 h。在此提取工艺条件下，玉米须多糖提取率为 4.47%。徐彬等探究了玉米须多糖的提取工艺，最佳工艺条件为：料液比 1：15（g/mL）、乙醇浓度 75%、提取温度 90℃、提取时间 3 h，提取次数为 4 次。在此提取工艺条件下，玉米须多糖提取率为 3.66%。

二、超声波提取法

超声波提取法是利用超声波破碎动植物细胞组织，促进细胞内容物多糖释放的方法。超声波提取法主要受到超声温度、料液比、超声时间、超声提取次数以及超声功率等因素的影响。刘娟等研究了玉米须多糖的超声辅助提取工艺，优化的提取工艺条件为：超声温度 60℃、料液比 1：30、超声时间 60 min，超声提取次数 4 次，此时的提取率是 3.55%。赵亚宁等在超声温度 60℃、超声时间 45 min、超声功率 400 W 的条件下，得到的提取率是 4.25%。Maran 等利用超声波法提取玉米须多糖，优化工艺条件：超声温度 56℃、料液比 1：20、超声时间 17 min，此时玉米须多糖的提取率达到 6.06%。

三、微波提取法

微波提取法是一种新型的多糖提取技术。从细胞破碎的微观角度看，由于微波加热导致细胞内的极性物质吸收微波能，使得细胞内温度迅速上升，液态水汽化产生的压力将细胞膜和细胞壁冲破，形成微小的孔洞，进而产生表面裂纹；孔洞或裂纹的存在使细胞外溶剂容易进入细胞内，溶解并释放出细胞内产物。另外，微波提取可避免长时间高温引起的样品分解，从而有利于热不稳定成分的提取。影响微波提取的因素通常包括提取溶剂、提取时间、提取温度以及微波功率等。选择不同的参数，得到的提取效果也有差异。王艺帷等采用微波辅助法提取玉米须中的多糖，通过响应面优化确定的最佳工艺条件为：料液比 1∶8（g/mL）、微波温度 93℃、微波功率 900 W、微波时间 30 min。玉米须多糖提取率为 1.13%。

四、酶辅助提取法

酶辅助提取法是近年来发展起来并广泛应用于动植物天然活性成分提取中的一项生物技术，利用酶将生物质材料中束缚多糖溶出的成分进行分解，以利于多糖提取。由于酶处理条件较温和，因此酶处理可以提高多糖的得率，同时保持多糖的构象与生物活性。多糖提取率受到酶种类、酶解温度、pH 值、酶添加量等多种因素的影响。何余堂等选取了不同成熟程度的花丝、酶添加量、水浴温度以及水浴时间 4 个因素，利用正交试验方法，优化了提取工艺：采用半老花丝，纤维素酶添加量为 4%，水浴温度 55℃，时间 2.5 h。此时酶法分离花丝多糖的提取率为 4.35%，比不加酶提取高了 2%。

第三节　玉米须多糖工艺优化研究

利用响应曲面法优化水提醇沉法提取玉米须多糖的工艺条件。以玉米须为原料，通过烘干粉碎后采用水提醇沉法对多糖组分进行有效提取；研究不同目筛、不同温度、浸泡时间、提取方式下，玉米须多糖含量的变化规律。建立二次多项回归方程的数学模型，确定最优条件为：过 230 目筛，在超声情况下提取温度为 97℃，提取时间为 90 min，此时多糖提取率为12.72%。

每个因素之间的交互作用对响应值（提取率）的影响，可以较直观地在响应面图上观察到。响应面的坡度越陡，则表明对应因素对响应值的影响越大，反之则影响越小。在试验范围内，可以得到最优提取温度为94℃左右（彩图1）。

第四节　玉米须多糖的活性功效

多种研究表明，玉米须多糖具有降血糖、免疫调节、抗肿瘤、抗菌及促进肠道蠕动等多种功效，其在医药、食品方面均有很好的应用前景和开发价值。

一、降血糖

糖尿病是一种常见的内分泌紊乱疾病，是以高血糖为特征的代谢性疾病。持续高血糖，可导致各种组织，特别是眼、肾、心脏、神经出现慢性损害以及功能障碍。目前已成为一种危害严重的流行性非传染病。刘娟等以正常小鼠及高血糖模型小鼠为研究对象，探究了玉米须多糖的降血糖效果，研究表明，玉米须多糖对正常小鼠有轻微的降血糖效果，对高血糖模型小鼠有较好的降血糖作用，研究还发现玉米须多糖对葡萄糖、肾上腺素引起的小鼠血糖升高也有显著的抑制效果，能够调节糖尿病模型小鼠的糖代谢，促进糖异生。梁启超等采用玉米须多糖灌胃治疗由腹腔注射四氧嘧啶造成的糖尿病模型小鼠也显示出显著的降血糖效果。赵亚宁等通过实验发现玉米须多糖存在一定的降血糖活性，其对 α-葡萄糖苷酶的抑制率随质量浓度的增加而增大，最大抑制率为85.26%。

二、免疫调节

免疫调节指机体识别和排除抗原性异物，维持自身生理动态平衡与相对稳定的生理功能。如果正常机体的免疫系统不能对细胞的凋亡进行调控，相应组织器官就会发生病变，如肿瘤、肝炎等。研究表明，多糖最重要的药理作用是免疫调节作用。魏宏明等报道玉米须多糖可以提高小鼠体液免疫功能，且有一定程度的调节小鼠巨噬细胞吞噬功能的作用。

三、抗肿瘤

肿瘤是世界上死亡率最高的疾病之一，严重威胁着人类的健康。通常利用放疗、热疗、补充疗法等治疗手段来治疗肿瘤。这些常规疗法通常会引起一系列并发症：肿瘤转移、免疫力降低、肿瘤复发以及患者饮食和消化不好，身体易疲劳。目前还没有能够有效治疗癌症而不会出现不良反应的抗肿瘤的特效药物。多糖的开发利用给肿瘤患者带来了福音，其极小的毒副作用和明显的抗肿瘤作用，不仅为新药研发提供了新思路，还能提高患者的生活质量和存活率。多糖类化合物通过增强机体的固有和特异性免疫作用，激活细胞毒性 T 淋巴细胞（CTL）、B 淋巴细胞、自然杀伤细胞（NK）和巨噬细胞，活化补体等途径使免疫系统产生免疫应答。吕冬霞等考察了在不同时间以不同浓度的玉米须多糖作用于肝癌 SMMC-7721 细胞，采用 MTT 比色法观察细胞毒性；应用 HE 染色法观察凋亡细胞的形态。随着作用时间和剂量的增加，Caspase-3 及 P^{53} 的表达增高，表明玉米须多糖能诱导肝癌 SMMC-7721 细胞凋亡，且具有一定的剂量和时间的依赖性。

四、抗菌作用

徐彬等利用新鲜的玉米须多糖进行体外抗菌实验，结果表明，新鲜玉米须多糖对金黄色葡萄球菌的最小抑菌浓度（MIC）和最小杀菌浓度（MBC）分别为 3.13 mg/mL 和 1.56 mg/mL，对大肠杆菌的 MIC 和 MBC 均为 6.25 mg/mL，这给新鲜玉米须多糖开发为广谱抗菌剂提供了理论基础。但是，这种抑菌状态是否是由于新鲜玉米须多糖破坏了生物被膜而形成的，需要进一步研究。

五、改善胃肠道蠕动

杜娟等以小鼠为研究对象，分别研究了服用不同剂量的玉米须多糖对小鼠肠运动、小鼠胃排空以及血浆中胆囊收缩素含量等指标的影响。实验结果发现，玉米须多糖玉米须多糖通过降低食欲、延长胃排空时间、加速肠蠕动、增加排便数量来减轻小鼠体量。

第五节　其他玉米加工废弃物的资源化利用

一、玉米苞叶用于工艺品生产

玉米加工中的玉米苞叶部分相对比较柔软，经收集晾晒后加工工艺品，是我国黄河流域传统的民间工艺。玉米苞叶在编织业广泛应用。主要产品有

提篮、地毯、床垫、坐垫、门帘及其他装饰品。用于加工编织工艺品的玉米
苞叶，应色白、无霉变、软硬和厚薄适宜。在玉米收获时去掉外面的老皮和
紧贴玉米粒的嫩皮，中间部分就是理想的编织原料。

二、玉米须直接用于代用茶

玉米加工中产生的玉米须和玉米苞叶，可用于代用茶。玉米须具有利尿
消肿、清肝利胆的功效，多地具有采用玉米须和玉米苞叶泡茶的传统。我国
山东、河南、河北等地也有生产企业采用玉米须和玉米苞叶为原料，配合桑
叶、菊花等生产代用茶的生产企业。

用于代用茶的原料应相对清洁，并须经过清洗、灭菌处理，应符合《代
用茶》（GH/T 1091—2014）的质量安全要求。

第六节　本章小结

我国玉米加工发展迅速。玉米须中多糖含量较高，在医药、食品方面均
有很好的应用前景和开发价值。实现玉米多糖的规模化、产业化生产，促使
玉米须多糖在促进人类健康中发挥积极的作用具有重要意义。玉米加工过程
中生产的苞叶、玉米芯还是良好的工艺品原料和生产堆肥、饲料的原料。开
发玉米加工副产品综合利用对玉米产业发展具有重要意义。

第四章

马铃薯加工废弃物
回收利用与标准研究

第一节　马铃薯产业现状

马铃薯是我国第四大粮食经济作物，对于稳定我国粮食安全和促进贫困地区农民脱贫致富具有重要意义。自 1995 年以来，我国马铃薯种植面积和总产量均居世界第一位。2014 年，我国马铃薯种植面积为 556.2 万 hm^2，总产量为 9 485.2 万 t，占世界马铃薯种植面积和产量的比重分别为 30% 和 24%，而占我国粮食总种植面积和总产量的比例分别为 5.2% 和 14.8%。自 2006 年以来，我国马铃薯种植面积和总产量呈逐年递增趋势。为应对我国粮食安全问题，2017 年农业部发布《关于推进马铃薯产业开发的指导意见》，提出了把马铃薯作为主粮产品进行产业化开发，树立健康理念，科学引导消费，促进稳粮增收、提质增效和农业可持续发展。充分利用北方干旱半干旱地区、西南丘陵山区、南方冬闲田的耕地和光温水资源，因地制宜扩大马铃薯生产。处理好马铃薯与水稻、小麦、玉米三大谷物的关系，不与水稻、小麦和玉米抢水争地，构建相互补充、协调发展的格局。

马铃薯淀粉加工是拉动马铃薯产业发展最重要的支柱产业。马铃薯蛋白质含量丰富，在同等条件下，单位面积蛋白质产量分别是小麦的 2 倍、水稻的 1.3 倍、玉米的 1.2 倍。马铃薯淀粉广泛应用于食品、医药等高端产业，衍生品多达 2 000 种以上；加工增值空间大，加工成普通淀粉可增值 1 倍以上，加工成特种淀粉可增值十几倍，加工成吸水树脂可增值 8 倍，生产环状糊精可增值 20 倍，生产生物胶增值高达 60 倍以上。特别是马铃薯加工食品尚属新兴市场，潜力巨大，目前发达国家的马铃薯加工业 70% 是食品加工，中国还处于初级阶段，加工产品的市场潜力巨大。但是马铃薯加工会产生大量分离汁水（细胞液）、薯渣等副产物，长期以来国内企业因技术和效益问题，几乎将大量汁水和薯渣当作废渣废水直接排放或回填到农田中，导致环境水域富营养化和土壤污染，污染问题严重，已经导致95%以上的马铃薯淀粉企业被环保部门相继关闭，整个产业处于生死边缘。因此，建立马铃薯加工废弃物资源化利用技术标准，对规范产业发展，充分利用马铃薯资源，挖掘产品附加值，具有重要意义。

第二节　马铃薯渣发酵制备高蛋白饲料

从物理组成来看，薯渣由马铃薯的细胞碎片、细胞壁残留物、残留淀粉颗粒以及薯皮细胞等构成；从化学组成来看，马铃薯渣中富含碳水化合物，主要有淀粉、纤维素和果胶等成分，还含有肽类物质、阿拉伯半乳糖，具体成分和含量见表4-1。

表4-1　新鲜薯渣的营养成分

营养成分	干基（%）
干物质	—
淀粉	37
纤维素	17
半纤维素	14
果胶	17
其他纤维	7
灰分	4
蛋白质／氨基酸	4

新鲜马铃薯渣中淀粉含量是最高的，是动物能够利用的优质碳水来源，经过酶解或发酵的淀粉能分解成小分子糖，更易被动物吸收利用，纤维素、半纤维素和果胶含量也较高，纤维可以帮助动物肠胃蠕动，促进消化；果胶能为动物提供能量，在动物体内被吸收后，可转化成体脂肪或乳脂肪；薯渣中含有部分灰分，灰分中含有钾、钙、镁等矿物元素，这些元素能维持机体的正常生理功能，提高机体的免疫力，对动物发育至关重要；薯渣中含有蛋

白质，蛋白质是动物体必不可少的营养物质，能够合成机体某些功能性物质的重要成分，如酶、抗体和激素等，也能作为发酵基质，在发酵饲料过程中为微生物提供重要的营养物质。因此，马铃薯渣具备饲料化的基础营养条件，是具备开发前景的一种饲料原料。

马铃薯渣中的自带菌种数量多达 15 类 33 种，其中细菌多达 28 种，还有4 种霉菌和 1 种酵母菌，其中，霉菌能够分解纤维素和淀粉，酵母菌菌体中含有非常丰富的蛋白质、B 族维生素、糖、酶等多种营养成分，并且能提高动物免疫力、生产性能，减少应激反应。同样也带有大肠杆菌等多种致病菌，加速薯渣腐败，存在安全隐患，可能引起饲料的安全性问题。因此，马铃薯渣实现饲料化应当趋利避害，利用好有益菌，抑制有害菌，通过发酵菌种的筛选和条件优化，让马铃薯渣成为具有营养价值更高、更安全的饲料资源。

第三节　马铃薯渣饲用方式

一、直接使用

马铃薯渣最简单直接的使用方式是经过初步脱水就近进行饲喂，但是在实际生产中很少有直接将马铃薯渣作为主要饲料进行饲喂。原因主要是马铃薯渣杂菌含量高、糖苷生物碱含量高，直接饲喂会造成动物拉稀和肠道中毒。西北部分地区有农户将新鲜薯渣蒸煮或直接少量掺入其他发酵饲料中饲喂牛羊。国内大部分马铃薯加工企业收购的原料薯都是露天堆放，露天堆放时间越长，原料薯中的糖苷生物碱含量越高，有时薯渣中残留生物碱含量超过国际规定 20 mg/100 g 的 10 倍以上。糖苷生物碱具有耐高温的特性，120℃也难以将糖苷生物碱分解。因此，一般不建议直接将薯渣作为饲料饲用。

二、酶解

酶的作用是通过降解，使不易消化吸收的大分子物质转化成利用率更高的小分子物质，薯渣中主要包括淀粉、纤维、果胶等大分子物质。因此，目前使用较多的是淀粉酶、纤维素酶和果胶酶，这些酶根据想要达成的效果可以单独使用，也可以组合使用。酶解马铃薯渣的效果见表 4-2。

表 4-2　酶解马铃薯渣

酶的种类	效　　果
单独使用纤维素酶（酶活 1 500 U/mL）	可溶性膳食纤维含量达 14.38 g/100g，比原浆提高了 18.74%
纤维素酶（酶活 1 500 U/mL）结合耐高温 α-淀粉酶（酶活 18 000 U/mL）	可溶性膳食纤维含量达 15.00 g/100g，与单独使用纤维素酶水解相比提高了 4.31%，与原浆相比提高了 23.86%
耐高温型 α-淀粉酶（酶活 20 000 U/mL）	持水力、持油力、膨胀力、乳化性和乳化稳定性均有所提高，阳离子交换能力增强，结构松散，纤维素转化率提高，作用位点可以更好地发挥作用，可以为肠道提供一个有助于消化吸收的环境
耐高温 α-淀粉酶	酶解后的马铃薯渣替代部分麸皮对刚断奶的大鼠生长具有显著的促进作用，有利于饲料的消化吸收，提高饲料转化效率，增加粪便含水率。能显著提高乳酸杆菌数量，并显著降低大肠杆菌数量

纤维素酶的主要效果是降解大分子的纤维，提升可溶性膳食纤维的含量。其主要作用是一方面利于动物的消化吸收，另一方面改善饲料的适口性。耐高温型 α-淀粉酶促进马铃薯渣中淀粉的分解，提高了原料利用率。在处理马铃薯渣的过程中，两种酶可以单独使用，也可以组合使用，组合使用时探索到最佳酶解条件能够得到更好品质的饲料。

三、发酵

在薯渣中接种发酵饲料的专用菌剂，经过发酵，薯渣中纤维、淀粉被微生物菌群分解利用转化成蛋白质或者含氮物质，不仅可以提高发酵后薯渣的粗蛋白质含量，发酵后薯渣中的氨基酸、微生物和各种生物酶都会相应提高，并且微生物经过生长繁殖，发酵产物含有大量的菌体蛋白。

发酵根据形态可分为液态发酵和固态发酵两种方式。根据马铃薯渣的形态，其发酵形式更适合固态发酵，即利用微生物在固态培养基上进行发酵。固态发酵根据是否对原料进行糖化处理分为生料发酵和熟料发酵。将马铃薯渣初步脱水后进行发酵即生料发酵，因薯渣中含有多种菌群，此方法杂菌污染概率大，生产工艺的参数难以确定；而将马铃薯渣糖化后再发酵，此方法使用专门的菌种糖化发酵，染菌率小、发酵条件可控、发酵质量较高。

本项目采用的饲料发酵菌种大致分为两大类：一类是分解纤维素、淀粉等碳水化合物的糖化菌，主要功能是将大分子纤维和淀粉分解糖化成小分子；另一类是益生菌，主要是利用小分子糖和蛋白质氨基酸等大量繁殖，形成大量的蛋白营养和有益因子，大幅度提高饲料营养价值，包括酵母菌、霉菌、芽孢杆菌、乳酸菌等，它们能够产生淀粉酶、纤维素酶、蛋白酶和果胶酶等多种活性水解酶，能够消除饲料中的抗营养因子，对病原菌和腐败菌有抑制作用，菌体蛋白含量高、氨基酸充足，可提高发酵产品的营养价值，同时也提高了发酵饲料的适口性。

不同菌种发酵效果不同，因此，优化菌种是发酵的关键。目前国内外的研究更趋向于利用多菌种混合发酵生产发酵马铃薯渣，并注重菌种间的协同性和互补性，使其发挥更大的效用。多菌种混合发酵可以通过不同代谢能力的组合，完成单个菌种难以完成的复杂代谢反应，从而提高发酵产品质量、提高转化率。同时，也在探索最优的发酵条件，包括发酵时间、温度、料层厚度、接种量、尿素或其他氮源添加量等。目前，关于马铃薯发酵的研究见表4-3。

表4-3　马铃薯渣发酵菌种、发酵条件及效果

发酵菌种	发酵条件	效果
黑曲霉、啤酒酵母（1：1）接种量10%	发酵培养基为原辅料比85：15、料水比1：2、尿素添加量2.0%、硫酸铵添加量1.0%，发酵温度31℃、发酵100 h、料层厚度3 cm	真蛋白含量、酸性蛋白酶活、纤维素酶活显著提高
热带假丝酵母11.176 g/L，接种量15%	葡萄糖淀粉酶100 U/g、青霉素80 U/g、初始pH值4.5、培养温度28℃、培养6 h、转速250 r/min	单细胞蛋白饲料中的蛋白质含量可达12.27%
白地霉、热带假丝酵母、酿酒酵母（8：1.5：0.5）接种量10%	纤维素酶处理后的原料，经黑曲霉与康宁木霉双菌糖化降解后，在28℃条件下混合发酵55 h	蛋白质含量可提高到22.16%，原料的适口性和风味得到改善
白地霉、酿酒酵母、热带假丝酵母（8：1.5：0.5）接种量10%	在温度28℃下培养3 d	发酵后的蛋白质含量分别提高13.45%、18.53%和22.16%
黑曲霉、白地霉和热带假丝酵母混合接种量15%	自然pH值，薯渣、麸皮（90：10），发酵温度为32℃，发酵时间为66 h	发酵产物中粗蛋白含量较高，基本达到蛋白饲料对蛋白质含量的要求

续表

发酵菌种	发酵条件	效果
酿酒酵母、白地霉、热带假丝酵母与植物乳杆菌混菌组合	固体发酵培养基：马铃薯渣80%、麸皮20%、尿素1.5%、硫酸铵1.5%、磷酸氢二钾0.6%、硫酸镁0.05%、水分65%～70%	粗蛋白含量达到35.63%
米曲霉、黑曲霉（1∶1）接种量10%；热带假丝酵母和产朊假丝酵母（1∶1）接种量15%	培养基：马铃薯废渣、麸皮、自来水（87∶11∶12）（m∶v∶v）在转速为180 r/min时，发酵温度为30℃，发酵容积为1/2的条件下	粗蛋白含量提高了10倍粗蛋白含量提高了8.6倍
黑曲霉变种、白地霉（1∶10）接种量5%	料层厚度6 cm、发酵时间60 h、发酵温度28℃、水分含量自然的发酵条件下	龙葵素含量呈递减趋势，从发酵前期的0.04 mg/100 g发酵60 h后可降为0.024 mg/100 g。可降低pH值、延长贮存时间
黑曲霉、啤酒酵母（1∶1）混合种子液10%	原辅料比85∶15、料水比1∶2、尿素添加量2.0%、硫酸铵添加量1.0%，28℃培养120 h	真蛋白含量、酸性蛋白酶活、纤维素酶活分别提高287.79%、229.45%、1 755.34%
黑曲霉、热带假丝酵母、枯草芽孢杆菌（2∶2∶1）接种量1%	添加尿素2%，在料层厚度30 cm、发酵温度33℃、发酵时间48 h、水分含量自然	粗蛋白含量高达13.5%，提高126%

另外，在马铃薯淀粉生产过程中，会产生大量的工艺水（分离汁水），其中含有大量的蛋白质、氨基酸、小颗粒淀粉、低聚糖和有机酸等有机营养物，也含有植物所需的氮、磷、钾等，将马铃薯淀粉工艺水的蛋白等营养物质提取回收，添加在马铃薯渣中一并发酵，增加其蛋白含量，也是马铃薯副产物资源化和高值化利用的有效途径之一。

第四节　马铃薯渣饲用效果

接种薯渣专用菌剂，利用微生物技术发酵，烘干或不烘干处理，一个万吨级的淀粉企业产生的薯渣发酵饲料年产量可达3万～8万t。马铃薯渣固体发酵饲料适合牛、羊、兔、猪和鱼等动物养殖，在家禽饲料中可适量添加。

一、反刍动物

发酵马铃薯渣由于含有大量的纤维，用于反刍动物饲料的研究较多。发酵薯渣对反刍动物最明显的改善是增重和提升产奶量。薯渣发酵饲料在反刍动物的应用见表4-4。

表4-4　薯渣发酵饲料在反刍动物的应用

饲料原料	饲喂方式	饲喂对象	饲喂效果
马铃薯淀粉渣与玉米秸秆	饲喂混合发酵饲料	肉羊	45%肉羊日增重显著提高14.19%，瘤胃液氨态氮浓度极显著降低33.03%，对血清尿素氮浓度和葡萄糖浓度显著升高
马铃薯淀粉渣与玉米秸秆混贮	代替全株玉米青贮饲喂	肉牛	累计增重20.0 kg，日增重217 g
马铃薯糟渣饲料	15%替代精料中的玉米	奶牛	产奶量达到21.11 kg/d，对其无显著影响

二、非反刍动物

应用于禽类的马铃薯发酵饲料研究表明，发酵马铃薯渣对禽类生长无不良影响，适当地添加可以改善肉质、提高蛋白质利用率。薯渣发酵饲料在非反刍动物的应用见表4-5。

表4-5　薯渣发酵饲料在非反刍动物的应用

饲喂方式	饲喂对象	饲喂效果
乳酸菌发酵后直接饲喂	三元杂交仔猪	可以提高平均日增重、料重比，降低生产成本
组合菌发酵后直接饲喂	三元杂交仔猪	仔猪平均日增重610.2 g，增加率14%，料重比为3.85：1，降低12.3%，发酵产品对猪肉品质及其组织器官有保健促长功能；投入产出比为1：1.45，提高7.4%
组合菌发酵后以20%的比例替日粮	肉兔	促进增重，降低饲料消耗，提高肉兔日粮中蛋白质的利用率和兔肉的脂肪含量
在饲料中添加发酵马铃薯渣10%	AA肉仔鸡	日增重提高3.29%，料肉比显著降低5.58%，死淘率为0%，极显著降低血液总胆红素、γ-谷氨酰胺转肽酶、谷草转氨酶含量，显著降低血液尿酸

续表

饲喂方式	饲喂对象	饲喂效果
组合菌发酵后直接饲喂	白羽肉鸡	能促进肉鸡增重，减少料重比，降低饲料消耗，降低脂肪含增加蛋白质含量
组合菌发酵后日粮中添加30%	蛋鸡	能显著提高蛋鸡的蛋白质利用率
组合菌发酵后直接饲喂	鹌鹑	日增重提高9.4%、料重比降低9.7%、产蛋率均提高20%

三、马铃薯渣发酵饲料存在的问题

目前，马铃薯渣饲用利用率很低，马铃薯渣发酵饲料的应用范围很小，主要限制因素是马铃薯中含有有毒物质糖苷生物碱。Friedman 等研究了一种商品马铃薯浓缩蛋白中的糖苷生物碱，结果显示，糖苷生物碱含量高达200 mg/100 g，严重超出了食品安全限额 20 mg/100g。作者所在的研究团队近年对我国多地马铃薯淀粉加工分离汁水提取回收的蛋白和薯渣中糖苷生物碱含量的监测研究发现，北方马铃薯收获高峰期时，淀粉企业集中收购的马铃薯原料露天堆放超过一周以上时，其回收蛋白和薯渣中的糖苷生物碱基本超过了 20 mg/100g 的食品安全限。糖苷生物碱不易分解，达到一定量时会损害动物的消化系统，引发动物疾病，或者导致减重。因此，研究如何有效降低糖苷生物碱在回收蛋白和薯渣中的毒性，是实现马铃薯薯渣中高值化利用必须要解决的问题。

第五节　汁水蛋白回收

一、马铃薯淀粉加工副产物的化学组成

淀粉的加工过程是先将马铃薯清洗干净随后用锉磨机锉磨成泥，然后经过旋转筛，将淀粉乳和薯渣（纤维素）进行分离。淀粉乳除了含有淀粉外，还含有可溶性的物质（糖、蛋白质、有机酸和盐）和细纤维。这些物质可以通过进一步连续离心（水力旋流分离器）和细筛进行分离。分离出来的淀粉可直接用于生产变性淀粉，或者进行脱水干燥。马铃薯淀粉加工分离汁水

（废水）是重要的马铃薯淀粉加工的副产物。

二、分离汁水的化学组成

马铃薯淀粉加工分离汁水（Potato Fruit Water，PFW）是指从淀粉生产线上的旋流站溢流排放出来的汁水，其 pH 值大约为 5.6。淀粉加工分离汁水有机物含量很高，化学需氧量（Chemical Oxygen Demand，COD）高达 30 000 mg O_2/L 以上，其化学成分包括水、淀粉、纤维素、蛋白质、氨基酸、糖、盐和酸等。马铃薯淀粉加工分离汁水的化学成分如表 4-6 所示，从表中可以看出分离汁水中含有丰富的蛋白质，且由于马铃薯蛋白具有非常好的起泡性，因此在收集汁水的水池上方布满了厚厚一层泡沫（彩图 2）。

表 4-6　马铃薯淀粉加工分离汁水化学组成（%）

组分	含量
水	94
淀粉	<0.5
蛋白	1.8
氨基酸	1.8
糖 / 盐 / 酸	2.5

三、分离汁水的资源化利用

马铃薯蛋白的必需氨基酸含量高，如赖氨酸、蛋氨酸、苏氨酸和色氨酸，具有较高的营养价值。马铃薯淀粉加工分离汁水中蛋白质的氨基酸组成如表 4-7 所示。马铃薯浓缩蛋白水解的主要目的是增加其溶解性和提高其消化吸收性，另外也有关于马铃薯蛋白水解物具有抗氧化活性的报道，可作为一个潜在的抗氧化剂用于食品质量的保存。

表 4-7　马铃薯淀粉加工分离汁水蛋白的氨基酸组成

氨基酸	含量（%）
天门冬氨酸	24.19
苏氨酸	3.39
丝氨酸	3.54
谷氨酸	11.65

续表

氨基酸	含量（%）
脯氨酸	3.11
甘氨酸	4.80
丙氨酸	4.48
半胱氨酸	1.04
缬氨酸	4.46
蛋氨酸	1.08
异亮氨酸	3.06
亮氨酸	5.24
酪氨酸	2.26
苯丙氨酸	2.87
组氨酸	4.27
赖氨酸	7.75
精氨酸	12.80
总氨基酸（g/kg 干物质）	406.6
总必需氨基酸（g/kg 干物质）	174.0

注：氨基酸含量数据取值保留两位小数。

马铃薯淀粉加工分离汁水（排放以后就变成废水）的处理方式大致可以分为三大类：第一类是直接进行无害化处理后达标排放。通常采用生化处理法或者是酶法、催化氧化法，将废水中的有机物氧化分解成 CO_2 和 H_2O 后直接排放。此法投资较大、运行成本高。生化处理过程中可以增加厌氧发酵，产生的沼气可以作为能源，但是终因生产季节短和环境温度低产气量不足，很难实现工业化利用。第二类是将淀粉加工废水与废渣混合，补充适当的氮源等，生物发酵生产活性酵母、饲料或其他物质等。此类利用形式在新的发酵产品的同时，又产生了新的废渣废水。第三类是先从马铃薯淀粉加工分离汁水中提取有用物质进行部分或者全部资源化利用后，再部分排放或完全不排放。比较典型的是荷兰尼沃巴研究开发的蒸汽闪蒸絮凝法和"特殊真空转鼓过滤机"分离技术。从马铃薯淀粉分离汁水中提取回收蛋白后，余下的废水再通过蒸馏浓缩使有机废水变为液体肥料和蒸馏水，实现马铃薯淀粉加工无废料生产。其全套设备价格十分昂贵，运行费用也很高。但是，其分离回收蛋白等有效成分进行资源化利用的思路值得我国马铃薯淀粉加工产业借鉴。设计合理，资源化利用产生的经济效益是可以部分或者全部补偿废弃物利用的工程投入和运行费用。

在我国马铃薯淀粉厂比较集中的西部和东北地区，马铃薯淀粉废水直接采用生化法处理有三大技术难题。一是处理能力不足。马铃薯淀粉废水排放量大、浓度高，总固形物达 5% 左右。二是环境温度低。生化反应通常要求环境工作温度在 18℃ 以上。三是不能连续生产。季节性生产 100 d 左右。生化法的微生物菌种在非生产期保存困难，重启动时间长、费用高。

将马铃薯淀粉加工分离汁水中的蛋白及其相关营养物质提取分离以后，余下的废水直接进行农田灌溉或其他处理（包括生化处理）是我国将来马铃薯淀粉厂分离汁水资源化利用的重要发展方向。根据回收的方式不同，回收的马铃薯蛋白可用作饲料或者用作食品、药品等。

四、饲料级马铃薯蛋白的回收

马铃薯淀粉加工分离汁水蛋白质含量高，从马铃薯淀粉加工分离汁水中回收蛋白的研究已有近 100 年历史，工艺成熟且已经产业化应用的方法是热絮凝法。热絮凝法回收马铃薯蛋白的过程是对淀粉加工分离汁水进行酸热处理，将蛋白质絮凝沉淀下来：先调 pH 值至 3.5～5.5，再通入蒸汽将淀粉加工分离汁水加热到约 90℃，然后离心分离收集蛋白沉淀并干燥，商品名称为马铃薯浓缩蛋白（Potato Protein Concentrate，PPC）。

中国科学院兰州化学物理研究所建立了国内第一套完整的从马铃薯淀粉加工分离汁水中回收饲料级蛋白的生产技术，目前正在甘肃和宁夏的马铃薯淀粉厂进行推广应用。荷兰、丹麦等国家已经实现从马铃薯淀粉加工分离汁水中回收蛋白的产业化应用，并且已有马铃薯浓缩蛋白的相关产品标准，表 4-8 为欧盟关于马铃薯浓缩蛋白及其水解物的质量标准。这个产品标准中明确规定了马铃薯浓缩蛋白及其水解物的糖苷生物碱和赖氨酸丙氨酸的含量。

表 4-8　欧盟马铃薯浓缩蛋白及其水解物的质量标准

组分	含量
干物质	≥800 mg/g
蛋白质（干基）	≥600 mg/g
灰分（干基）	<400 mg/g
糖苷生物碱（总）	<150 mg/kg
赖氨酸丙氨酸（总）	<500 mg/kg
赖氨酸丙氨酸（游离）	<10 mg/kg

马铃薯块茎中主要含有两种糖苷生物碱，α-卡茄碱和 α-茄碱。这两种物质占马铃薯块茎中总糖苷生物碱的 95%。马铃薯浓缩蛋白生产过程中，这两种糖苷生物碱随着蛋白质一起絮凝沉淀下来，因此马铃薯浓缩蛋白糖苷生物碱的含量较高（1.5～2.5 mg/g）。将马铃薯浓缩蛋白作为饲料对虹鳟鱼的试验结果表明，糖苷生物碱会降低虹鳟鱼的食欲。Refstie 和 Tiekstra 将马铃薯浓缩蛋白中的糖苷生物碱全部去除后，替代 40% 鱼粉蛋白喂养大西洋鲑鱼，结果表明应用和消化效果良好。因此在将马铃薯浓缩蛋白作为动物饲料之前，有必要将糖苷生物碱水解以降低其毒性。

五、食品级／药品级马铃薯蛋白的回收

近年来，在马铃薯蛋白的回收方面，研究热点主要集中在如何采用较温和的方法代替热絮凝法以提高蛋白质的质量。马铃薯蛋白在 55～75℃会发生变性，传统的酸热絮凝法回收的马铃薯蛋白质发生了不可逆变性，回收的蛋白质不可溶，起泡性、乳化性和酶活性全部丧失，导致其在食品和制药行业的应用受到限制。因此马铃薯浓缩蛋白仍然只是一种附加值一般的淀粉加工副产物，主要用于牛和猪饲料，也有替代部分鱼粉作为鱼饲料蛋白应用的报道。

马铃薯块茎的可溶性蛋白通常分成三类：Patatin 蛋白、蛋白酶抑制剂和其他蛋白。

Patatin 蛋白是一类分子量介于 40～45 kDa 的蛋白，大约占马铃薯块茎总可溶性蛋白的 40%。Patatin 蛋白是马铃薯块茎中贮存的主要蛋白，具有抗氧化活性、酰基水解酶活性，也具有 1,3-葡聚糖酶的活性。Patatin 蛋白在防御害虫和真菌病原体方面也发挥了重要作用，可能是具有乳酯酶和 β-1,3-葡

聚糖酶活性的缘故。

马铃薯块茎中含有多种蛋白酶抑制剂，对丝氨酸蛋白酶、半胱氨酸蛋白酶、天冬氨酸蛋白酶和金属蛋白酶都具有活性，因此可降低摄入蛋白的消化性和生物价。然而，蛋白酶抑制剂的活性通常由于蒸煮和其他热加工而丧失，只有当摄入生的或不恰当烹饪方式的马铃薯时才会发生严重的抗营养反应。

蛋白酶抑制剂在马铃薯中的作用是作为贮存蛋白和调节内源蛋白酶的活性。另外，蛋白酶抑制剂对草食性昆虫和致植物病的真菌也具有活性。马铃薯蛋白酶抑制剂有很多潜在的应用价值，如减肥，预防和治疗肛周炎、感染、血栓性疾病和癌症等。

为了确保回收马铃薯蛋白的天然活性，目前已经尝试了很多种方法，这些方法综合了离子强度、pH 值和温度，使马铃薯蛋白原有的构象、活性和溶解性得以保持。近年来研究出一些新的分离纯化方法，包括乙醇沉淀法、羧甲基纤维素络合法、超滤法和扩张床吸附法（Expanded Bed Adsorption, EBA）等。其中，扩张床吸附法是最有可能实现从马铃薯淀粉分离汁水中工业化回收食品级（药品级）蛋白的方法。

EBA 技术是 1992 年由剑桥大学 Chase 教授发展起来的，是一种经过精心设计的、稳定的、返混很少的离子交换层析技术。把澄清、浓缩和纯化集成于一个单元操作中，减少了操作步骤，提高了产品回收率，减少了纯化费用和资本投入，被誉为近几十年来出现的第一个新的单元操作。扩张床吸附同固定床相似，只是进料方向由下往上，柱床处于膨胀扩张状态。

Stratkvern 等首次报道了扩张床吸附从马铃薯淀粉加工分离汁水中回收具有天然活性的马铃薯蛋白，随后又进行了放大试验，并指出扩张床吸附为实现马铃薯蛋白回收的产业化提供了可能。曾凡逵等采用扩张床吸附技术以 Amberlite XAD7HP 为填料从马铃薯淀粉加工分离汁水中选择性回收蛋白酶抑制剂，回收的蛋白溶解性好，胰蛋白酶抑制活力高，这种具有生物活性的蛋白酶抑制剂有望用于制药行业。

2007 年，荷兰的马铃薯淀粉集团公司 AVBE 在其全资子公司 Solanic 采用扩张床吸附技术以混合配基化学吸附填料制备了适合食品工业和制药工业应用的高性能马铃薯蛋白。回收工艺将马铃薯蛋白分成两个部分：一是主要由 Patatin 蛋白组成的高分子量蛋白组分，为蛋白含量 90%～95% 的粉末型食品原料。二是主要由蛋白酶抑制剂组成的低分子量蛋白组分，为液体形态的制药工业原料。Solanic 公司宣称马铃薯蛋白优于大豆蛋白，可以同动物蛋白相媲美，这是首次大规模生产食品级（药品级）的马铃薯蛋白。

Liu 等报道了两步泡沫分离技术从马铃薯淀粉加工分离汁水中回收蛋白，研究了温度、pH 值、空气流速、汁水量和鼓泡时间对泡沫分离回收蛋白的影响，优化出来的最佳操作条件为温度 45℃，pH 值 7，空气流速 100 mL/min，汁水量 300 mL，鼓泡时间 90 min。蛋白质回收率为 73.4%，45℃温度有点高，但还算温和，由于没有检测酶活，因此不能确定回收的蛋白是否具有生物活性。该研究只是实验室小规模试验，每批次汁水处理量只有 300 mL，鼓泡时间需要 90 min，说明效率比较低。

Ralla 等采用 3 种不同的黏土作为离子交换吸附剂用于从马铃薯淀粉加工分离汁水中回收具有天然活性的蛋白，3 种黏土分别为 EXM 1753（Saponite）、EX M 1607（Amorphous silica gel with incorporated montmorillonite platelets）和 Puranit UF（Montmorillonite）。该方法采用的吸附剂为廉价的黏土，因此与其他色谱填料相比，在经济成本上具有明显的优势。研究结果表明，带负电荷的黏土 EX M 1607 和 Puranit UF 在 pH 值为 7～9 条件下主要吸附蛋白酶抑制剂，而不吸附 Patatin 蛋白。该研究成果对于实现天然活性马铃薯蛋白的分离纯化具有重要意义，且由于黏土成本低，因此具有潜在的产业化应用前景。

第六节　废水肥水化还田利用

中国科学院兰州化学物理研究所在宁夏回族自治区固原市开展了马铃薯淀粉加工分离汁水还田利用研究，具体工作包括：全面分析各淀粉加工企业的生产工艺及尾水水质特征，通过马铃薯蛋白回收强化淀粉加工清洁生产，分析汁水还田利用对空气、地下水、地表水以及土壤等环境质量的影响，还对汁水还田后土壤的肥力变化、农作物生产以及农民收入变化等进行了系统分析。

一、对地下水环境质量的影响

为评估废水汁水还田利用对施用地地下水环境质量的影响，固原市环境监测站针对重点流域（清水河和葫芦河）内施用马铃薯淀粉废水汁水地区的上、中、下游各布 3 个地下水监测断面，并分别于 2018 年 7 月和 2019 年 7 月进行了取样测试，监测内容包括 pH 值、全盐量、氯化物、硫化物、氟化物、六价铬、锌、铬、铜、铅、总汞、总砷、硒、氨氮、高锰酸盐指数、阴离子表面活性剂、总大肠菌群、硝酸盐 18 项。结果显示，相关监测值符合本地区地下水质特征，水质稳定均可达到《地下水质量标准》（GB/T 14848—2017）中的 Ⅲ 类水质标准（适用于集中式生活饮用水水源及工农业用水）中的相关要求（表 4-9）。表明固原马铃薯淀粉加工废水还田利用活动未对施用地地下水环境造成污染，施用区地下水水质良好。

表 4-9   淀粉加工分离汁水施用地地下水环境质量监测数据

单位：mg/L（注明除外）

检测项目	清水河上游	清水河中游	清水河下游	葫芦河上游	葫芦河中游	葫芦河下游	地下水质量标准 - Ⅲ类
pH 值（无量纲）	7.84	7.96	7.89	8.01	7.81	7.99	6.5～8.5
全盐量	247	242	224	589	519	606	≤1 000（溶解性总固体）
硫化物	0.005 L	0.005 L	0.005 L	0.005 L	0.005 L	0.005 L	≤0.02
氨氮	0.106	0.123	0.159	0.301	0.369	0.414	≤0.50
高锰酸盐指数	0.9	1.6	1.3	1.1	1.9	2.1	≤3.0
硝酸盐（以 N 计）	3.47	2.33	1.62	1.66	1.45	1.19	≤20.0
氯化物	58.7	62.1	64.4	77.9	85.1	82.6	≤150
氟化物	0.86	0.91	0.95	0.71	0.64	0.88	≤1.0
阴离子表面活性剂	0.05 L	0.05 L	0.05 L	0.05 L	0.05 L	0.05 L	≤0.3

续表

检测项目	清水河上游	清水河中游	清水河下游	葫芦河上游	葫芦河中游	葫芦河下游	地下水质量标准－Ⅲ类
铜	0.05 L	0.05 L	0.05 L	0.05 L	0.05 L	0.05 L	≤1.00
锌	0.05 L	0.05 L	0.05 L	0.05 L	0.05 L	0.05 L	≤1.00
汞	0.000 04 L	0.000 04 L	0.000 04 L	0.000 04 L	0.000 04 L	0.000 04 L	≤0.001
砷	0.001 1	0.002 3	0.001 8	0.000 6	0.001 7	0.001 8	≤0.01
硒	0.000 9	0.001 0	0.000 6	0.000 4 L	0.000 4 L	0.000 4 L	≤0.01
铅	0.001 L	0.001 L	0.001L	0.001 L	0.001 L	0.001 L	≤0.01
铬（六价）	0.006	0.008	0.009	0.005	0.010	0.008	≤0.05
铬	0.010	0.011	0.013	0.009	0.015	0.012	—
总大肠菌群（MPN/100 mL）	<2	<2	<2	<2	<2	<2	≤3.0

注：L 表示低于方法检出限，L 前数值为本方法检出限。

项目组还选取了长期施用马铃薯加工废水还田利用的企业所施用的农田，研究废水还田对农田土壤剖面有机质的影响。测试结果显示，在施用5 年的农田土壤中，即使在过量施用情况下（施用量超过允许施用量的 5 倍，200～400 m³/亩），废水施用对土壤有机质的影响一般不超过 3 m（从整体剖面分布来看，施用废水 5 年后，土壤有机质在 50～100 cm 范围内有增加的"拐点"，且相比施用废水 1 年后，300 cm 范围内土壤有机质有所增加，表明马铃薯淀粉加工废水还田利用可能影响范围 3 m 左右土体，但是重点在50～100 cm 范围内累积）。分析原因是固原地区黄土层较为深厚，大部分地区在 5 m 以上，加上该地区干旱少雨，蒸发量较大，水分蒸发导致深层水通过毛细系统上升到地表。因此，即使多年长期过量施用，废水中的有机物很难超过 3 m 深。也说明废水定量科学还田利用在固原等黄土高原地区对地下水影响风险很低（图 4-1）。

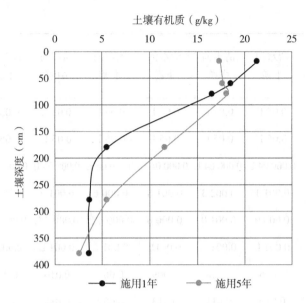

图 4-1　马铃薯淀粉加工废水还田利用对土壤有机质剖面分布的影响

二、对地表水环境质量的影响

固原市自 2006 年开始推行马铃薯淀粉加工废水汁水还田利用，周边地表水水质得到大幅改善。特别是 2015 年以来，淀粉加工区域周边地表水水质明显好转（图 4-2，图 4-3）。

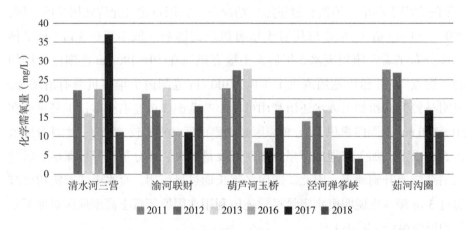

图 4-2　2011—2018 年固原市在淀粉生产期地表水的化学需氧量变化趋势

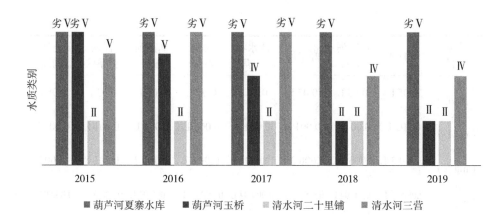

图 4-3 2015—2019 年清水河和葫芦河断面水质变化图

从 2018 年 10 月开始的生产季节，现场检查发现流经生产企业的河水清澈见底，未发现加工废水流入河流中。为进一步评估废水汁水还田利用对施用地周边地表水环境质量的影响，固原市环境监测站于 2018 年 10 月中下旬（淀粉生产季节）对试点企业周边地表水环境质量情况进行了监测。结果显示，淀粉厂周边的河流中，大营河采样断面主要监测指标可以达到《地表水环境质量标准》（GB 3838—2002）中的Ⅳ类标准；葫芦河支流、清水河三营采样断面主要监测指标可以达到Ⅲ类标准；好水河、渝河联财采样断面主要监测指标可以达到Ⅱ类标准，其他国控断面主要监测指标也均可以达到Ⅱ类或Ⅲ类标准，充分表明马铃薯淀粉加工废水汁水还田利用后，不再对周边地表水环境质量造成污染，并促进了周边地表水环境质量的显著提升（表 4-10）。

表 4-10 地表水环境质量监测数据汇总

检测项目	大营河	葫芦河支流	好水河	清水河三营	渝河联财	葫芦河玉桥	泾河弹筝峡	茹河沟圈
水温（℃）	12.8	11.4	12.2	16.0	10.2	10.6	16.0	12.1
pH 值（无量纲）	8.09	8.12	7.85	8.51	8.24	8.27	8.39	8.66
氨氮（mg/L）	0.05	0.1	0.15	0.4	0.41	0.19	0.09	0.33
化学需氧量（mg/L）	28	18	15	20	15	17	6	12
铜（mg/L）	0.001 L	0.001 L	0.001 L	0.001 L	0.004	0.001 L	0.001 L	0.001 L

检测项目	大营河	葫芦河支流	好水河	清水河三营	渝河联财	葫芦河玉桥	泾河弹筝峡	茹河沟圈
锌（mg/L）	0.05 L	0.05 L	0.05 L	0.05 L	0.05 L	0.05 L	0.05 L	0.05 L
铅（mg/L）	0.001 L	0.001 L	0.001 L	0.001 L	0.001 L	0.001 L	0.001 L	0.001 L
砷（mg/L）	0.000 3 L	0.000 3 L	0.000 3 L	0.001	0.001 7	0.001 7	0.001 8	0.002
汞（mg/L）	0.000 04 L	0.000 04 L	0.000 04 L	0.000 04 L	0.000 04 L	0.000 04 L	0.000 04 L	0.000 04 L
镉（mg/L）	0.001 L	0.001 L	0.001 L	0.001 L	0.001 L	0.001 L	0.001 L	0.001 L
铬（mg/L）	0.004 L	0.004 L	0.004 L	0.004	0.008	0.004	0.004	0.004
备注	采样断面位于长城淀粉厂、利华淀粉厂、六盘山淀粉厂下游	采样断面位于汉兵淀粉厂下游	采样断面位于华宇淀粉厂下游	为国控断面，位于成盛淀粉厂下游	为国控断面，位于国联淀粉厂下游	为国控断面，附近无淀粉厂	为国控断面，附近无淀粉厂	为国控断面，附近无淀粉厂

三、对土壤环境质量的影响

项目组于 2017—2019 年每年作物收割后、废水施用前，对原州区、西吉县、隆德县试点企业废水还田试验田进行了取样测试。土壤取样深度分别为 0～30 cm、30～60 cm、60～100 cm，监测指标包括 pH 值、镉、汞、砷、铜、铅、铬、锌、镍 9 项。结果显示，施用废水后，所有检测指标均未超过《土壤环境质量　农用地土壤污染风险管控标准（试行）》（GB 15618—2018）中的农用地土壤污染风险筛选值，表明马铃薯淀粉加工废水汁水还田利用未对施用地土壤环境造成污染。此外，所有检测指标均能够满足《有机产品　生产加工、标识与管理体系要求》（GB/T 19630—2019）中的产地环境（土壤环境质量）要求，也能够满足《国家有机食品生产基地考核管理规定》中的相关要求，施用地土壤环境质量良好。

此外，为进一步研究废水施用对土壤环境质量的影响，对原州区、西吉县施用过马铃薯淀粉加工废水（原州区：脱蛋白水混合废水施用量 80 m³/亩；西吉县：汁水混合废水施用量 200 m³/亩）和未施用过的地块各土壤层厚度中 pH 值、镉、汞、砷、铜、铅、铬、锌、镍等指标进行了监测，结果如图 4-4

至图 4-12 所示。

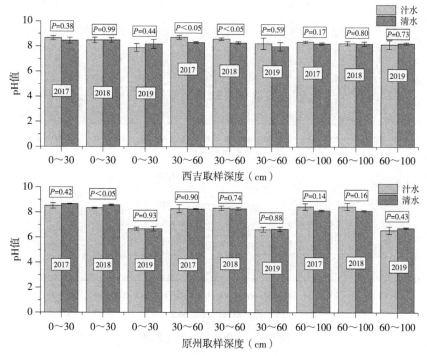

图 4-4　土壤 pH 值汇总图

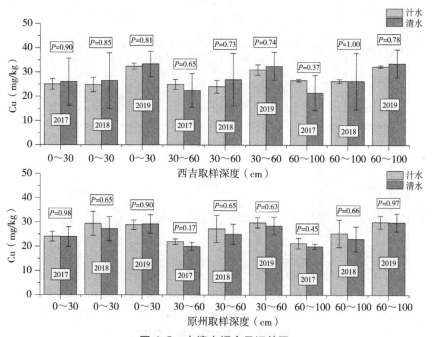

图 4-5　土壤中铜含量汇总图

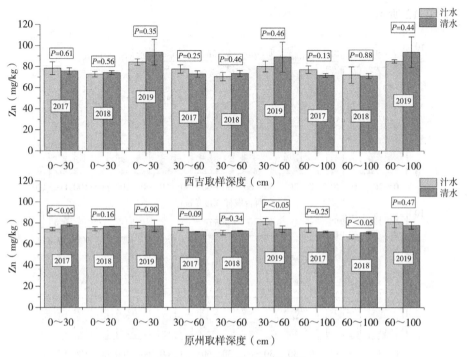

图 4-6　土壤中锌含量汇总图

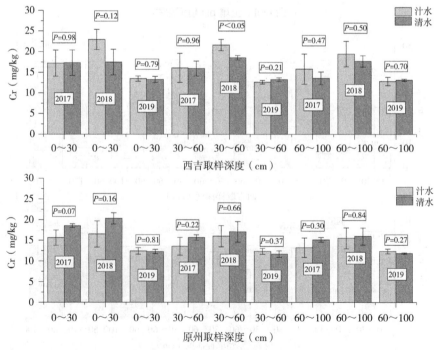

图 4-7　土壤中铬含量汇总图

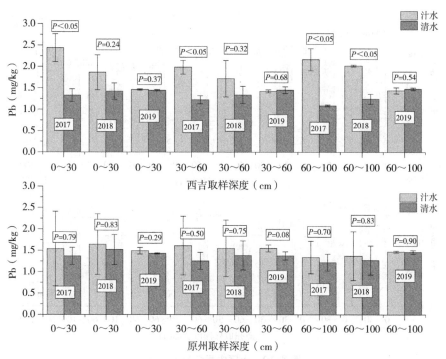

图 4-8 土壤中铅含量汇总图

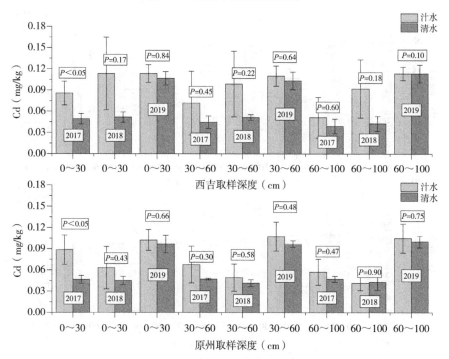

图 4-9 土壤中镉含量汇总图

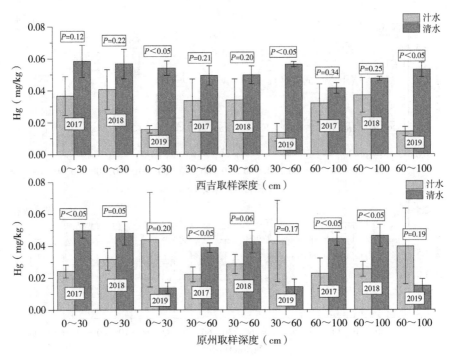

图 4-10 土壤中汞含量汇总图

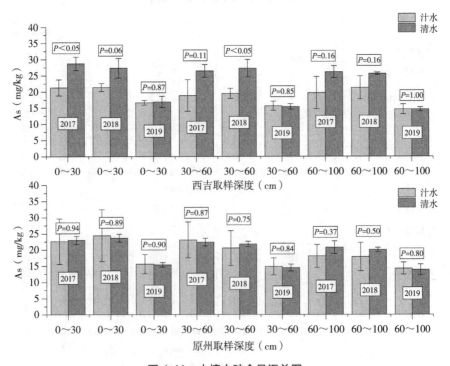

图 4-11 土壤中砷含量汇总图

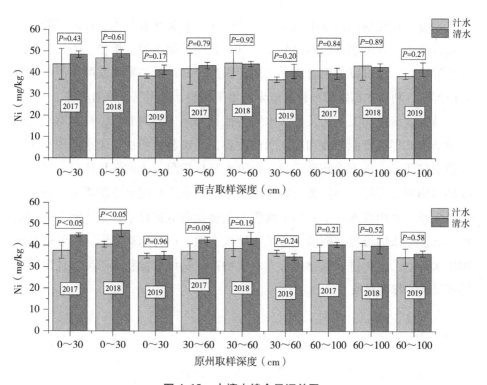

图 4-12　土壤中镍含量汇总图

根据统计分析结果，在各年份各土壤层样品中，两地区施用（连续施用两年）和未施用马铃薯淀粉加工废水地区样品 pH 值、重金属指标未出现明显差别。

第七节　本章小结

马铃薯淀粉加工副产物主要包括分离汁水和薯渣，分离汁水含有丰富的蛋白质，薯渣含有丰富的淀粉、纤维素、半纤维素和果胶等。从马铃薯淀粉加工分离汁水回收蛋白具有十分重要的意义，国外已经实现饲料级马铃薯蛋白回收的产业化，国内中国科学院兰州化学物理研究所开发了国内第一套完整的从马铃薯淀粉加工分离汁水中回收饲料级蛋白的技术，目前，相关技术已经在全国 40 多家马铃薯淀粉厂进行了推广应用。目前，国内外回收具有天然活性的食品级 / 药品级马铃薯蛋白尚处于研究阶段，扩张床吸附技术是一种比较有产业化应用前景的技术。薯渣可用于制备膳食纤维、提取果胶，以及通过微生物发酵制备燃料酒精、氢气、乳酸、聚丁烯、果糖、普鲁兰多糖等发酵产品，也可以利用薯渣＋分离汁水配合其他营养物质发酵生产单细胞蛋白饲料，利用木霉发酵马铃薯渣生产木聚糖酶、羧甲基纤维素酶等。

　　马铃薯淀粉加工工艺及废水水质特征符合还田利用要求，马铃薯淀粉加工清洁生产促进资源回收和废水水质改善，马铃薯淀粉加工废水还田利用对环境空气质量、地下水环境质量、地表水环境质量、土壤环境质量、输送过程环境影响等可控。马铃薯淀粉加工废水还田利用可提高土壤肥力、助力农作物生长。施用废水汁水后的土壤肥力指标检测数据显示，土壤肥力大幅增加，已从原来的极度贫瘠的土壤成为肥沃土壤。试验结果显示，科学适量施用废水汁水，可促进农作物生长、农业增产。马铃薯淀粉加工废水还田利用还可提高农作物品质。

第五章

木薯加工废弃物资源化利用与标准研究

第一节 木薯嫩茎叶饲料化利用现状

木薯（*Manihot esculenta* Crantz）属热带和亚热带的块根作物，与甘薯、马铃薯并称之为世界三大薯类，且木薯有"淀粉之王"和"能源作物"之美誉。2020年世界木薯的产量达到了2.7亿t，木薯种植主要是为了获取其根茎部分，而地上部分的木薯秆和木薯叶很少利用；FAO统计数据表明（2018），全世界每年木薯茎秆和木薯叶产量约是2.0亿t，20%左右茎秆用作种苗进行生产，80%被丢弃。这不仅浪费资源，且对环境造成严重污染。为做好木薯副产物的有效利用，研究者们进行了不同的探索和尝试，如木薯秆用于基质还田、培养食用菌；木薯叶用作饲料、食品添加剂，功能性黄酮类物质的提取植物源；木薯渣用于饲料原料和基质培养食用菌等。木薯叶和未木质化的茎秆富含蛋白质、纤维、脂肪及矿物质等营养物质，其价值可与绝大多数的热带豆科牧草媲美。目前，国内外将木薯叶作为鹅、猪、鱼、牛、羊和蚕类等动物饲料的相关报道较多，且将木薯副产物应用于动物饲料生产中，对动物生长性能、肉品质有良好的改善。同时，木薯生产成本较谷物类饲料低，将木薯茎叶等副产物作为畜禽饲料原料可缓解我国南繁牧草供应不足、粗饲料短缺的问题，是国内饲料资源的有效补充。

第二节　木薯嫩茎叶废弃物资源化利用研究现状

一、木薯茎叶营养成分分析与评价

随着我国农业结构性改革的推动，木薯产业的供给发生重大变化，多元化综合利用木薯成为我国农业和木薯产业发展的重大方向。木薯叶富含蛋白、纤维、脂肪及矿物质等营养物质，其价值可与绝大多数的热带豆科牧草相媲美。目前，国内外将木薯叶作为鹅、猪、鱼、牛、羊和蚕类等饲料的相关报道较多，且均取得了良好效果。再加上其主要氨基酸的组成较均衡，也可供人食用。此外，木薯叶还含有丰富的酚类、醌类、黄酮类和甾体皂苷等生物活性物质，其市场前景极为广阔。目前，国内外研究者已在木薯营养成分评价、抗营养因子及其脱毒方法、木薯叶粉和青贮饲料在家禽养殖中的应用开展了大量的研究工作。

木薯叶营养成分含量变化范围较大，碳水化合物含量为 5.76%～19.49%，热值为 17.00～18.13 MJ/kg，粗蛋白质含量与热带牧草相似，个别品种粗蛋白质含量较热带牧草更高（表 5-1）。木薯叶的必需氨基酸总和约占全部氨基酸总量的 50%。与大豆和苜蓿相比，木薯叶蛋氨酸含量较低，而赖氨酸含量较高，对改善赖氨酸缺乏的谷物饲料很有价值。德国 Sajid Latif 等（2015）综述了木薯叶的主要营养成分，认为除了蛋氨酸、赖氨酸、异亮氨酸外，木薯叶的氨基酸与鲜鸡蛋相似。同时，木薯茎叶含有丰富的矿物质，含钙 0.13%～1.55%、磷 0.09%～1.02%、铁 93.43～156.81 mg/kg、铜 4.17～8.98 mg/kg、

表 5-1　木薯嫩茎叶与其他热带牧草饲料化利用品质比较

名称	干物质		粗蛋白		代谢能	
	%	t/（hm²·年）	%	kg/（hm²·年）	Mcal/（kg·年）	Mcal/（hm²·年）
葛藤	24	10	21.0	2 100	2.20	2 200
山蚂蝗	21	4.5	15.0	675	1.90	8 550
银合欢	35	15.2	25.7	3 906	1.90	28 880
干草	25.8	24	22.5	5 400	1.47	35 280
木薯叶	25	40	22.0	8 800	1.70	68 000

锌 78.25～185.24 mg/kg、锰 121.52～237.65 mg/kg。此外木薯叶还含有维生素 B_1、维生素 B_2、维生素 C、类胡萝卜素等可以供人和动物获取的有益营养成分。木薯茎叶生物量大，适当减少叶片利于块根的生长（刘倩等，2017），收获鲜薯后，亦可收集木薯茎叶，提高经济产量。若采用密集栽培的方式，每 2～3 个月收割 1 次，可获得 40 t/hm² 以上的嫩枝叶。

　　研究人员为筛选合适的饲用化木薯品种，对其营养成分、采收时间、刈割方式等也进行了系统的评价。国外研究报道，Rogers 等（1959）分析了 50 个木薯栽培品种后发现，木薯叶的粗蛋白质含量为 20.6%～30.4%。1963 年 Rogers 与 Milner 又报告了后来用 20 个品种进行研究的情况，蛋白质含量为 17.8%～34.8%。Ravindran G 等（1985）研究了木薯叶成熟过程中营养成分的变化，该研究分析了木薯叶成熟度（嫩的、未成熟的、成熟的）的近似组成、氨基酸分布、矿物质含量以及抗营养因子的影响，研究表明，木薯叶各类营养物质含量存在一定差异，主要与木薯品种、生长环境、气温、湿度变化等因素相关，尤其受木薯叶成熟度的影响。国内，李开绵等（1999）进行了木薯饲用型品种的筛选研究，从参试木薯品系中进行测试分析表明，叶片和叶柄的粗蛋白含量为 16.1%～26.7%，嫩枝的粗蛋白含量为 5.0%～16.0%，茎叶混合的粗蛋白含量为 15.5%～18.2%。王定发（2016）等比较分析了 5 种木薯茎叶（华南 5 号、7 号、8 号、9 号和 205 号）的营养成分，结果表明，相比其他 4 种木薯茎叶，华南 7 号木薯茎叶干物质、热能、粗蛋白、粗脂肪和碳水化合物、Ca、P、Fe、Cu、Zn、Mn 的含量均较高，而粗灰分、粗纤维和单宁含量均偏低。并筛选出华南 7 号木薯茎叶体外营养价值较高，可优先考虑作为饲料资源开发利用。周璐丽等（2016）对华南 7 号木薯生长期间 6—11 月茎、叶营养成分动态变化及营养价值进行了深入的评价，结果表明，华南 7 号木薯叶粗蛋白含量为 21.16%～31.80%，粗脂肪含量为 4.17%～8.28%，茎秆中性洗涤纤维含量为 24.67%～39.67%，酸性洗涤纤维含量为 23.47%～29.74%。木薯叶片、茎秆鲜样、烘干样 6 月生长初期氢氰酸含量最高，随着生长月份的增加，呈现下降的趋势。木薯茎叶的体外干物质消化率为 77.74%。结果证明，华南 7 号木薯茎叶含有较高营养成分，具有较高的体外产气量和干物质消化率。杨龙等（2017）研究测定 8 个木薯种质（3 个野生种和 5 个栽培种）功能叶片的粗脂肪、粗蛋白、可溶性糖、淀粉、类胡萝卜素和氢氰酸（HCN）含量，分析了不同木薯种质叶片的营养成分差异，发现野生种木薯 *M. cecropiaefolia* Phhl 完全展开功能叶片的综合营养价值较高，可考虑作为畜禽和蚕用饲料资源开发利用；栽培种木薯 SC9 新鲜叶片 HCN 含量较低，也可优先作为蚕用饲料。系列研究证实，木薯茎叶适合用于青贮饲料原料，通过筛选合适的木薯品种，可提高青贮饲料的应用价值，降低氰化物含量；同时，合理的刈割可做到木薯块根和木薯茎叶双重利用。这些研究结果为木薯叶作为饲料资源开发利用提供参考。

二、木薯茎叶的脱毒处理技术

木薯叶饲用前需要脱毒处理，主要是因为木薯叶中含有单宁、氰化物、胰蛋白酶抑制剂、草酸盐、植酸等抗营养因子，其中单宁和氰化物尤其重要（冀凤杰等，2015）。木薯叶经简单的干燥粉碎等加工过程后，可达到明显降低其单宁、氰化物等有毒物质含量的效果（黄贤娟等，1988）。青贮前的处理技术已经可以使氰化物等降低到动物食用的安全范围，也可以通过在饲料中添加不同的添加剂以改善木薯茎叶饲料的适口性和安全性。

单宁对动物的抗营养作用主要表现在降低动物采食量、降低营养物质（如蛋白质、糖、钙、铜和锌）的消化与吸收、降低动物体内的氮沉积量、改变动物消化道菌群和损害消化系统等方面。单宁的去除方法主要有理化方法和生物降解法。理化方法主要包括溶液浸提、干燥、脱壳、挤压，以及碱（氢氧化钠和草木灰）、聚乙二醇、射线处理等。生物降解法主要是固态发酵法。关于微生物降解植物性饲料原料中单宁的研究较少。

在木薯中，生氰糖苷主要以亚麻苦苷和百脉根苷两种形式存在，分别占体内总量的 95%～97% 和 3%～5%。生氰糖苷本身不呈现毒性，主要由其水解产物 HCN 引发毒性。在非洲，鲜嫩木薯叶主要作为贫困地区人口的食物，采用捣碎、晾晒、水洗、水煮的加工方式来去除氰化物。比较温和有效的方式是先捣碎，日晒 2 h 或者阴干 5 h，最后水洗 3 次，这样可以使剩余总氰化物含量最终降到 1%。要降低或消除木薯叶氰化物对动物的危害，主要从加工工艺和动物饲粮配制着手。作物氰糖苷脱毒技术主要有干法脱毒、湿法脱毒、微波脱毒、溶剂提取脱毒、挤压膨化脱毒和生物法脱毒等，它们各有利弊。动物营养学家使用的经典方法是晒干、65℃烘干和青贮。简单的日晒可以去除 90% 左右的氰化物。由于亚麻苦苷在低 pH 值下的稳定性，日晒比青贮更能有效去除氰化物。

三、木薯茎叶饲料化利用

目前，国内外学者主要研究了木薯茎叶饲料原料的最佳添加量及其对动物的生长特性影响。研究表明，木薯嫩茎叶粉饲喂鸡效果较好，不仅提高日增重，还能改善肉质，增加了动物对微量元素的摄入量，减少发病率。李茂等（2016）以添加5%木薯叶粉日粮饲养杂交鹅时，发现不仅不会影响杂交鹅的健康及血液生理指标，反而使其生长性能能够达到最佳效果。现有许多文献报道，用木薯叶饲喂单胃动物均取得了良好效果，这可能与木薯叶富含黄酮类化合物有关。吕飞杰等（2015）发现，与商品鱼饲料相比，木薯叶乙醇提取液使图丽鱼、罗非鱼的存活率分别达到90%、100%，使罗非鱼的血清溶菌酶含量提高了7.08%，使罗非鱼的碱性磷酸酶活力降低了17.86%。

除了可用作单胃动物的饲料外，木薯叶还可作为反刍动物的饲料。国外研究也表明，木薯嫩茎叶和甘薯茎叶替代苜蓿干草可以提高绵羊对氮的利用及胃对中性洗涤纤维的消化吸收，与干稻草相比，木薯嫩茎叶可以提高反刍动物瘤胃对氮的吸收和动物的营养代谢，减少氮氨酸的产生，从而影响其日增重。Thang等（2010）利用木薯叶饲料直接饲喂杂交牛时，发现牛的采食量、中性洗涤纤维消化率及氮滞留率降低，导致牛生长速率变缓慢。这可能由于木薯叶中有机质量较低、氢氰酸量较高所造成的。因此木薯叶也需经生物发酵技术以达到降解抗营养因子的效果。我国研究者在木薯茎叶饲养黑山羊方面进行了系列研究，吕仁龙等（2019）将王草和木薯茎叶作为主要原料，探究了不同比例组合下制作的发酵型全混合日粮（FTMR）对发酵品质以及黑山羊瘤胃消化的影响，发现添加20%的木薯茎叶作为发酵型全混合日粮（FTMR）原料可以有效提升蛋白质利用，进而提升饲养效率。周璐丽等（2018）利用日粮中饲喂青贮木薯茎叶降低了黑山羊粗饲料平均日采食量和总干物质采食量，并显著降低了料重比。对黑山羊背最长肌和腿肌的滴水损失、pH值、肌间脂肪含量及剪切力无显著影响。各组黑山羊肌肉和肝脏中氰化物含量无显著差异。证明在日粮中饲喂青贮木薯茎叶饲料可提高海南黑山羊生长性能，且不会对黑山羊肉品质及安全造成显著影响。

木薯叶不仅是营养较均衡的单胃动物、反刍动物饲料原料，还可用来饲养蚕类等昆虫。杨龙等（2017）研究的SC9木薯鲜叶中氢氰酸（HCN）含量较低，故其可作家蚕饲料。罗群等（2017）以木薯叶饲养熟蚕、预蛹及蛹，结果发现其氨基酸、蛋白质含量分别高于蓖麻叶饲养的，其中木薯叶饲养熟蚕的氨基酸、蛋白质含量最高，依次为14.42%、18.70%。木薯叶饲养蛹的无机元素含量最丰富，而木薯叶饲养预蛹的总糖含量最低为0.34%。由此认为，若食用含低浓度氰化物的木薯叶饲养的熟蚕、预蛹和蛹后，均不会使人中毒。另外，吴俊才等（2014）以25%中草药红茶菌处理的木薯叶养殖黄粉虫幼虫后，发现其成活率最高，可达到96.67%，且幼虫的增重效果最佳，平均每日增重率为28.20%。这说明木薯叶经低浓度的中草药红茶菌处理后，会使黄粉虫对其食欲大增，且促进木薯叶在黄粉虫体内的消化吸收，从而促进黄粉虫的生长。

因此，为合理利用木薯茎叶副产物，急需制定木薯青贮饲料生产技术规程。首先要了解不同品种木薯嫩茎叶饲料化利用的潜在营养价值，以便今后指导木薯嫩茎叶饲料化品种的筛选。

根据已有文献报道，笔者对不同木薯主栽品种嫩茎叶的营养成分、饲料化利用品质进行了系统的分析和评价；构建了木薯叶片中生氰糖苷的快速分析方法，对不同品种木薯叶中的氰化物进行了检测评价，确认了木薯嫩茎叶青贮饲料脱氰处理的必要性。随后对木薯嫩茎叶青贮饲料涉及的具体参数开展了深入的实验验证，对木薯嫩茎叶脱氰处理方式、木薯嫩茎叶不同采收时间产量和品质、不同品种刈割时间营养品质差异进行了比较。结合文献报道和实验验证结果，确定了木薯青贮饲料材料采集时间、脱氰处理方式、添加剂的用量和青贮饲料营养品质分级等技术指标。

第三节　木薯茎叶生氰糖苷提取与检测

为对木薯茎叶采收前后氰化物潜在残留量进行准确评估，笔者建立了生氰糖苷HPLC-ELSD分析方法，并利用该方法对部分主栽品种不同生育期木薯叶片中生氰糖苷含量进行了评价。

一、木薯茎叶中生氰糖苷的提取方法的优化

取适量木薯茎叶鲜样放入研钵中，加入适量液氮，研磨至粉末。称取约0.200 0 g粉末于10 mL离心管内，加入不同浓度的硫酸水溶液，混合涡旋仪混匀，配平，离心（10 000 r/min，4℃，10 min），上清液即为待测液，样品放置4℃冰箱待测。每个样品重复4次。分别对硫酸浓度、料液比进行了单因

素比较。由图 5-1 可看出，随着硫酸浓度的增加，生氰糖苷含量的提取率也增加，硫酸浓度为 0.25 mol/L 提取率达到最高，然后又呈下降的趋势。

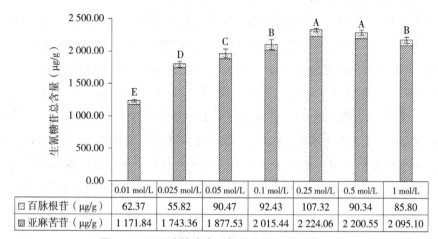

	0.01 mol/L	0.025 mol/L	0.05 mol/L	0.1 mol/L	0.25 mol/L	0.5 mol/L	1 mol/L
百脉根苷（μg/g）	62.37	55.82	90.47	92.43	107.32	90.34	85.80
亚麻苦苷（μg/g）	1 171.84	1 743.36	1 877.53	2 015.44	2 224.06	2 200.55	2 095.10

图 5-1　不同硫酸浓度对氰化物提取效果的影响

注：① $n=4$；②同列数据中的不同大写字母表示差异极显著（$P<0.01$），方差分析采用 LSD 法进行多重比较。采用最小显著差数法（LSD）法进行多重比较分析，图上的不同大写字母分别表示在 0.01 的水平上差异显著。

由图 5-2 可知，料液比对生氰糖苷提取率影响较大，料液比过小或过大，可能导致提取不完全，木薯叶和提取液硫酸最适的料液比是 1∶15。

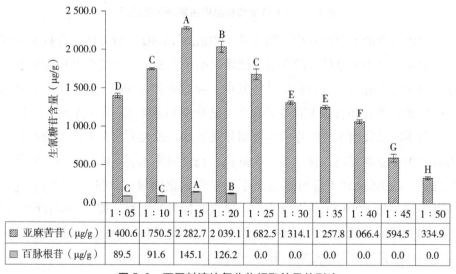

	1∶05	1∶10	1∶15	1∶20	1∶25	1∶30	1∶35	1∶40	1∶45	1∶50
亚麻苦苷（μg/g）	1 400.6	1 750.5	2 282.7	2 039.1	1 682.5	1 314.1	1 257.8	1 066.4	594.5	334.9
百脉根苷（μg/g）	89.5	91.6	145.1	126.2	0.0	0.0	0.0	0.0	0.0	0.0

图 5-2　不同料液比氰化物提取效果的影响

注：① $n=4$，②同列数据中的不同大写字母表示差异极显著（$P<0.01$），方差分析采用 LSD 法进行多重比较；③含量为 0 为未检测到。

二、木薯茎叶中生氰糖苷的检测优化

利用 Waters Atlantis（4.6 mm×150 mm，5μm）色谱柱，以 0.1% 甲酸水（A）和 80% 乙腈 0.1% 甲酸水（B）溶液为流动相进行梯度洗脱，洗脱程序为：起始为 92%A，85%B；15 min 时，A 为 50%，B 为 50%；20 min 时，A 为 0%，B 为 100%；22 min 时，A 为 0%，B 为 100%；25 min 时，A 为 92%，B 为 8%，平衡柱子 5 min，进下一个样；流速为 0.4 mL/min，进样量为 10 μL，最大压力值 300 bar，柱温 25℃。EVAP 温度 95℃，NABU 温度 85℃，增益为 3.0，气体流速频率 2 L/min。所有样品进样前经 0.22 μm 的微孔滤膜过滤，采用外标法定量。如图 5-3 所示，亚麻苦苷和百脉根苷的保留时间分别为 5.725 min、8.505 min，样品中亚麻苦苷和百脉根苷出峰时间与标准样品基本一致。

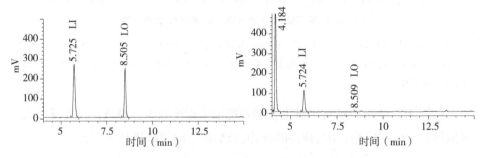

图 5-3　标准样品和样品中生氰糖苷色谱图

利用建立的木薯叶片中生氰糖苷的 HPLC-ELSD 分析方法，分析了不同品种木薯茎叶中生氰糖苷的含量，结果表明（表 5-2），木薯茎叶中主要生氰糖苷种类为亚麻苦苷和百脉根苷，其中，亚麻苦苷占 95% 以上。4 个品种嫩叶期的亚麻苦苷和百脉根苷均显著高于幼叶期和老叶期，不同品种、不同生育期和不同采收期木薯叶片中生氰糖苷含量差异较大（表 5-3），多数品种木薯叶片中生氰糖苷潜在含量大于 3 mg/g；而新鲜的木薯茎叶生氰糖苷转化为氰化物（以 HCN 计）含量远远高于饲料中氰化物规定含量（＜50 mg/kg）。因此吴秋妃等（2019）研究认为，木薯青贮饲料的脱氰处理是影响青贮饲料品质和饲用安全的关键。可通过选择低氰化物的品种、合适的采收期以减少木薯茎叶氰化物对饲用安全的影响。

表 5-2　不同品种木薯茎叶中生氰糖苷含量差异

品种（生育期）	亚麻苦苷（μg/g）	百脉根苷（μg/g）
SC9 幼叶	2 605.28 ± 96.12Bc	96.92 ± 2.83Bb
SC9 嫩叶	3 811.34 ± 49.41Da	107.33 ± 6.99Ca
SC9 老叶	3 028.96 ± 105.25Cb	73.87 ± 0.92Cc
SC12 幼叶	3 590.17 ± 159.41Ab	90.71 ± 14.53Bb
SC12 嫩叶	6 738.31 ± 188.43Aa	242.49 ± 18.07Aa
SC12 老叶	3 807.31 ± 58.58Ab	100.32 ± 7.80Bb
SC6068 幼叶	1 972.12 ± 39.22Cc	60.79 ± 7.61Cb
SC6068 嫩叶	4 633.04 ± 46.90Ba	129.38 ± 1.35BCa
SC6068 老叶	2 119.45 ± 144.13Db	51.26 ± 1.67Dc
热引 1 号幼叶	3 409.30 ± 160.37Ab	140.09 ± 14.64Aa
热引 1 号嫩叶	4 051.16 ± 82.94Ca	155.01 ± 16.55Ba
热引 1 号老叶	3 319.13 ± 57.94Bb	137.56 ± 10.46Aa

注：同列数据中的不同大写字母表示差异极显著（$P<0.01$），不同小写字母表示同一品种不同生育期之间的差异显著（$P<0.05$）。方差分采用 LSD 法进行多重比较。

表 5-3　不同采收月份华南 9 号幼叶生氰糖苷含量的比较

日期	亚麻苦苷（μg/g）	百脉根苷（μg/g）
1 月 17 日	1 903.33 ± 126.37c	79.86 ± 3.95c
4 月 18 日	2 224.06 ± 32.80b	107.32 ± 4.15a
5 月 18 日	2 605.28 ± 96.12a	96.92 ± 2.83b

注：不同的小写字母表示在 0.05 的水平上差异显著。

第四节　木薯嫩茎叶青贮饲料原料选择研究

为评价木薯主栽品种茎叶饲料化利用的潜在价值，研究者试验了不同品种不同采收期木薯茎叶的营养品质等，并对其进行了评价。

一、主要营养成分常用分析仪器和方法

热能采用氧弹量热仪测定（美国 Parr 6300）；粗脂肪采用 Soxtherm 索氏全自动抽提仪（德国 Gerhardt）测定；粗蛋白采用全自动凯氏定氮仪（美国

FOSS）测定；中性洗涤纤维、酸性洗涤纤维和粗纤维采用纤维仪（意大利VELP）测定；碳水化合物、单宁和磷采用分光光度法（日本岛津 UV2600）测定；钙、铁、铜、锌、锰采用原子吸收法（日本岛津 AA-6300C）测定。

二、主栽品种主要营养成分分析与评价

王定发等（2016）研究比较了 5 个木薯主栽品种茎叶的主要营养成分，发现华南 9 号木薯茎叶氢氰酸含量相对较低（＜50 mg/kg），综合考虑干物质、热能、粗蛋白、粗脂肪、钙、磷、铁、铜、锌、锰的含量相对较高，而粗灰分、粗纤维和单宁含量相对偏低（表 5-4，表 5-5）。结果可为木薯茎叶利用和品种选择提供参考。

表 5-4　木薯茎叶常规营养成分

样品号	干物质 DM（%）	热能（MJ/kg）	粗蛋白质 CP（%）	粗脂肪 EE（%）	粗纤维 CF（%）	酸性纤维 ADF（%）	中性纤维 NDF（%）	粗灰分 Ash（%）	单宁（%）	氢氰酸（mg/kg）	碳水化合物（%）
5 号茎叶	25.90	4.06	17.32	5.47	19.76	24.64	31.19	9.76	0.73	56.20	8.33
5 号叶片	21.50	3.93	17.98	7.34	19.16	23.78	27.98	9.43	1.28	58.38	5.00
7 号茎叶	23.89	4.33	16.70	5.07	24.05	31.67	34.06	6.63	0.67	67.41	10.61
7 号叶片	21.23	4.46	22.49	8.67	19.37	23.30	28.87	7.42	0.75	53.89	10.15
8 号茎叶	23.24	4.24	20.84	5.07	21.53	27.97	32.23	7.15	0.51	58.48	10.30
8 号叶片	21.73	4.46	20.65	7.72	20.93	27.49	29.95	7.90	0.84	62.48	6.91
9 号茎叶	24.20	4.31	20.34	6.87	21.22	26.57	32.60	7.97	0.94	47.15	5.76
9 号叶片	21.63	4.36	20.11	8.72	19.06	24.13	30.86	9.25	0.96	44.92	5.49
205 号茎叶	28.56	4.22	13.45	6.18	26.86	29.64	36.96	8.48	1.28	46.25	6.97
205 号叶片	25.12	4.38	16.77	7.98	19.92	26.70	33.61	8.58	1.58	47.13	6.04
均值	23.70	4.28	18.67	6.91	21.19	26.599	31.83	8.26	0.95	54.23	7.56

表 5-5　木薯茎叶矿物元素含量

样品号	粗灰分（%）	钙（mg/kg）	磷（mg/kg）	铁（mg/kg）	铜（mg/kg）	锌（mg/kg）	锰（mg/kg）
5 号茎叶	9.76	1.35	0.60	0.010	6.00	0.014	0.012
5 号叶片	9.43	1.51	0.46	0.015	5.00	0.018	0.014
7 号茎叶	6.63	0.80	0.30	0.011	9.00	0.018	0.024

续表

样品号	粗灰分（%）	钙（mg/kg）	磷（mg/kg）	铁（mg/kg）	铜（mg/kg）	锌（mg/kg）	锰（mg/kg）
7 号叶片	7.42	1.36	0.29	0.015	7.00	0.019	0.028
8 号茎叶	7.15	0.96	0.33	0.016	6.00	0.008	0.015
8 号叶片	7.90	1.36	0.31	0.024	5.00	0.012	0.030
9 号茎叶	7.97	1.16	0.58	0.011	6.00	0.009	0.013
9 号叶片	9.25	1.64	0.56	0.011	4.00	0.013	0.017
205 号茎叶	8.48	1.48	0.22	0.010	5.00	0.008	0.020
205 号叶片	8.58	1.53	0.22	0.013	4.00	0.010	0.025
均值	8.26	1.32	0.39	0.01	5.70	0.01	0.02

三、生长期对木薯嫩茎叶饲料化利用品质的影响

研究证明（刘倩等，2017），生长期为一年的木薯轮期采摘木薯叶，则全年可收获 21t 干物质，相当于每公顷可得到 4 t 粗蛋白质；当同时采收木薯块根和木薯叶时，从第 4 个月开始以间隔 60～90 d 为周期收获木薯叶，最终能使二者收成最佳。为了解木薯茎叶饲料化利用采收时间和品质差异，研究者对不同品种和不同生长时间木薯嫩茎叶饲料化作品质分析与评价。

根据不同生长期木薯嫩茎叶饲料品质比较发现，木薯生长初期的叶片（6 月）粗蛋白含量最高，品种间叶片粗蛋白含量为 20%～31%（表 5-6）。其中粗蛋白、粗脂肪主要集中在木薯叶片；纤维主要集中在木薯茎秆中；粗灰分、钙含量茎秆均高于叶片；干物质、磷含量叶片均高于茎秆。

表 5-6　不同月份木薯茎叶营养成分动态变化

月份	部位	营养成分（%）							
		粗蛋白	粗脂肪	中性洗涤纤维	酸性洗涤纤维	干物质	灰分	钙	磷
6 月	茎秆	6.49 ± 0.15	1.32 ± 0.09	24.67 ± 0.47	23.47 ± 0.65	16.47 ± 0.06	6.96 ± 0.06	1.01 ± 0.01	0.06 ± 0.01
	叶片	31.80 ± 0.03	4.75 ± 0.06	5.79 ± 0.05	8.50 ± 0.43	26.72 ± 0.19	6.25 ± 0.02	0.81 ± 0.01	0.13 ± 0.01
7 月	茎秆	8.08 ± 0.27	1.34 ± 0.01	26.02 ± 0.25	25.40 ± 0.70	16.22 ± 0.18	7.24 ± 0.12	1.13 ± 0.02	0.07 ± 0.01
	叶片	27.76 ± 0.17	5.97 ± 0.01	5.36 ± 0.41	7.22 ± 0.51	28.25 ± 0.07	5.72 ± 0.01	0.58 ± 0.02	0.12 ± 0.01
8 月	茎秆	5.92 ± 0.20	1.00 ± 0.09	34.64 ± 0.28	26.50 ± 0.32	18.41 ± 0.38	9.92 ± 0.09	2.49 ± 0.05	0.05 ± 0.01
	叶片	21.16 ± 0.50	8.28 ± 0.02	5.22 ± 0.22	4.85 ± 0.24	30.44 ± 0.05	8.44 ± 0.08	1.55 ± 0.01	0.10 ± 0.01

月份	部位	营养成分（%）							
		粗蛋白	粗脂肪	中性洗涤纤维	酸性洗涤纤维	干物质	灰分	钙	磷
9月	茎秆	5.76±0.05	1.21±0.15	39.67±0.61	29.74±0.49	17.91±0.09	7.81±0.07	1.09±0.01	0.13±0.01
	叶片	25.03±0.34	5.48±0.03	14.18±0.19	12.37±0.15	32.72±0.11	5.59±0.03	0.54±0.01	0.19±0.01
10月	茎秆	8.27±0.67	0.96±0.06	28.99±0.55	24.50±0.02	15.95±0.92	7.48±0.07	0.87±0.03	0.62±0.01
	叶片	27.94±0.44	4.17±0.03	14.27±0.36	14.10±0.54	32.26±0.11	6.21±0.02	0.69±0.01	1.02±0.01

第五节　刈割对木薯嫩茎叶饲料化利用营养品质的影响与评价

为确定木薯嫩茎叶的刈割时间、刈割次数对青贮饲料品质的影响，笔者对刈割后主要的饲料品质进行了分析，以期获得最佳的刈割时间和适合刈割的品种。

一、刈割时间对木薯嫩茎叶主要营养品质的影响

以 4 个主栽木薯品种为研究对象，在种植后 45 d 开始刈割，每 3 个月刈割 1 次。分析了不同刈割时间嫩茎叶产量、干物质含量、粗蛋白、氰化物、粗脂肪和粗纤维等指标进行测定，对品种间的差异进行主成分的综合评价。结果显示，野生木薯嫩茎叶产量、干物质含量显著高于其他品种，但营养品质中粗蛋白含量显著低于 SC9，并且氰化物的含量显著高于其他品种，说明与其他品种相比，野生木薯不利于饲料化利用。其他 3 个品种的嫩茎叶干物质中粗蛋白含量为 15.0%～24.0%，氰化物含量为 12.4～32.3 mg/kg（图 5-4，图 5-5）。通过主成分综合评价（表 5-7）表明，4 个品种均表现出随着刈割次数的增加，其综合评价 F 值迅速降低；第 I 刈割期野生木薯的 F 值仅 6.506 4，极显著低于 SC205 F 值（26.604 2）；根据 F 值将 4 个品种饲料化利用评价为 SC205＞SC9＞SC5＞野生木薯（徐缓等，2016）。由此表明，筛选合适的品种、选择合适的种植月份刈割，可以提高木薯嫩茎叶青贮饲料的营养品质。考察品种多次刈割后，其主要饲料化利用品质显著降低。通过实验验证，确定了种植后 90～120 d 植株高度达到 50 cm 以上，粗蛋白等为 15～20 mg/kg，可进行第一次刈割；根据木薯品种的推广面积、刈割的

操作性、营养成分和氰化物含量等因素，后期选择 SC9 作为嫩茎叶青贮饲料原料。

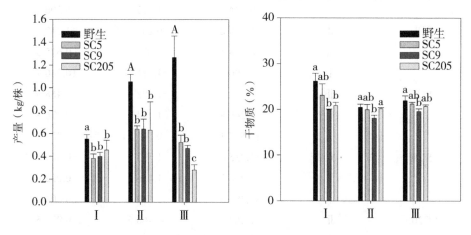

图 5-4　不同品种木薯嫩茎叶刈割产量和干物质含量比较

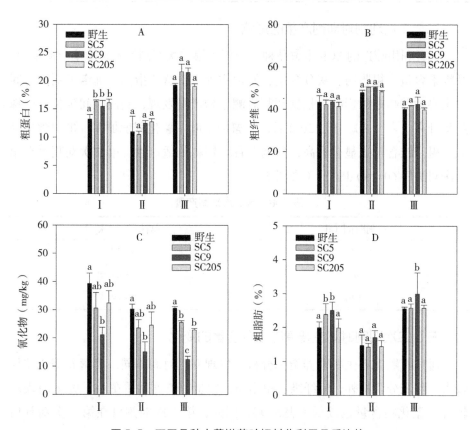

图 5-5　不同品种木薯嫩茎叶饲料化利用品质比较

表 5-7　木薯嫩茎叶饲料化利用综合评价指标值

品种	刈割期	Z1 值	Z2 值	F 值
野生	I	9.134 3	-1.953 7	6.506 4
	II	-1.659 0	0.203 2	-1.217 7
	III	0.378 1	1.632 1	0.675 3
SC5	I	12.190 4	-1.511 1	10.340 7
	II	-1.512 1	-1.192 1	-1.468 9
	III	0.240 8	1.244 7	0.376 3
SC9	I	13.537 1	0.441 7	11.570 1
	II	-1.235 4	1.533 8	-0.819 5
	III	0.226 2	-1.426 7	-0.022 0
SC205	I	31.389 5	2.510 0	26.604 2
	II	-1.464 2	1.460 6	-0.979 5
	III	0.059 8	-1.728 7	-0.236 6

二、二次刈割对刈割产量的影响

笔者利用筛选的 SC9 木薯品种，分析了第二次刈割后木薯嫩茎叶粗蛋白、纤维素含量、粗脂肪、灰分含量、氰化物等主要营养指标，确定了刈割时间对主要营养指标的影响。根据刈割后测单株产量发现，刈割时间延长，单株产量升高（表 5-8）。但 120 d 后，木薯嫩茎叶木薯化程度加深，蛋白含量降低，粗纤维含量也显著升高，影响了青贮饲料的适口性。第二次刈割可在第一次刈割后 60～90 d 进行（彩图 3）。

表 5-8　第二次刈割产量

刈割时间（d）	单株产量（kg）
60	0.657
90	0.986
120	2.318

三、二次刈割时间主要营养成分含量的变化

通过青贮饲料主要营养指标分析，发现刈割时间不同，其营养变化差异较大，除灰分含量外，粗纤维、粗脂肪、粗蛋白营养品质在 60～90 d 时表现较好，氰化物含量也较低（表 5-9）。因此，第二次刈割可在第一次刈割后 60～90 d 进行。

表 5-9　不同刈割时间木薯嫩茎叶主要营养成分含量变化

刈割时间（d）	灰分（%）	粗纤维（%）	粗脂肪（%）	粗蛋白（%）	氰化物（mg/kg）
60	7.1 A	17.8 C	8.3 B	26.8 A	57.69 B
90	7.5 A	30.4 B	13.5 A	16.8 B	51.42 C
120	7.3 A	34.3 A	7.9 B	13.4 C	88.03 A

注：同列数据中的不同大写字母表示差异极显著（$P < 0.01$），方差分析采用 LSD 法进行多重比较。

刈割植株高度及其他注意事项：植株高度一般为 50～60 cm，未木质化的茎秆较多，刈割高度为分枝处 10～15 cm 处，留 1～2 个芽点以备后期再次刈割（彩图 4）。

第六节 木薯嫩茎叶青贮饲料的制备

一、青贮饲料粉碎大小及水分含量要求

根据文献和试验验证，一般切割为 0.5～1 cm 长，青贮效果较好。

二、晾晒时间

木薯嫩茎叶粉碎后，一般 30 ℃高温晾晒 3 h 左右，含水量可达到 60%～70%（彩图 5）。晾晒后手握无明显的水分，手上无明显的湿润感，不成团，粉碎的叶片明显萎缩但未干为最佳（表 5-10，彩图 6）。

表 5-10　木薯嫩茎叶青贮饲料原料含水量的判定方法

水分含量（%）	手感及样品呈现状态	处理方法
<60	紧握混合后原料，立即散开	不适合青贮，需加适量的水调节
60～70	原料散开慢，手无湿印	适合青贮
70～75	若原料保持原状，手有湿印	适合青贮
>75	原料仍然成团不散开，且手指缝有水滴渗出	不适宜青贮，需要晾干或添加少量的生石灰调节原料含水量

三、木薯嫩茎叶脱氰处理

（一）脱氰处理方法选择

脱氰处理需要简单方便。笔者对脱氰处理的方法进行了优化，并对脱氰后的青贮饲料营养品质进行了评价。

（1）根据文献报道（杨宏志等，2008），50～60℃热水可有效脱氰，并且营养品质保持较好。木薯嫩茎叶切碎后，进行了热水脱氰处理。

（2）根据文献报道（Vasconcelles et al.，2019），外源黑曲霉菌可有效降解亚麻苦苷，可根据预实验结果，确定黑曲霉菌的浓度。分别设定不同黑曲霉菌的浓度梯度（CK，0.01%，0.05%，0.10%，0.20%，0.40%）。

（二）脱氰处理对青贮饲料品质的影响

两种脱氰处理方式青贮后分别取样测定氰化物总含量、粗蛋白、粗灰分含量等，确定脱氰差异和黑曲霉菌浓度。根据已检测的结果表明，青贮后，不同脱氰处理的氰化物含量显著降低，并在安全饲用范围以下，粗蛋白含量都大于20%，pH值均在4左右。根据青贮饲料外观品质和有机酸分析表明，水浴处理虽然脱氰效果最好，灰分含量低，但是饲料感官品质和有机酸都不如对照和其他脱氰处理，并且水浴后不易晾晒，因此，不建议对青贮饲料进行水浴脱氰处理（表5-11，表5-12）。

根据添加不同比例的黑曲霉菌青贮后，测定了青贮饲料的主要营养成分，粗蛋白都在20%以上，粗纤维为20.6%～26.4%，灰分在10%左右。其中，0.20%的黑曲霉无论从氰化物的降解上还是有机酸的积累上都表现较好，因此，建议在青贮饲料中加入0.20%的黑曲霉菌，进行木薯嫩茎叶青贮饲料的脱氰处理。

表 5-11　不同脱氰处理对青贮饲料主要营养成分的影响

处理	含水量（%）	灰分（%）	粗纤维（%）	粗脂肪（%）	氰化物（mg/kg）	粗蛋白（%）
对照（CK）	66.2	9.8 cd	24.2 c	7.3	29.9 a	21.5
水浴青贮	68.7	5.3 e	25.4 b	8.1	7.5 d	22.0
0.01% 黑曲霉	64.6	9.9 c	23.7 c	8.3	22.3 b	21.3
0.05% 黑曲霉	64.0	10.4 b	26.4 a	13.5	16.4 c	21.4
0.10% 黑曲霉	67.5	10.4 b	20.6 e	7.9	16.0 c	21.6
0.20% 黑曲霉	64.7	9.6 d	25.6 ab	8.0	9.9 d	21.1
0.40% 黑曲霉	69.5	10.6 a	21.5 d	7.8	27.4 a	21.5

注：同列数据中的不同小写字母表示差异显著（$P < 0.05$），方差分析采用 Tukey 法进行多重比较（$n=3$）。

表 5-12　不同脱氰处理对青贮饲料风味品质的影响

处理	pH 值	有机酸		总酸
		乳酸（g/100 g）	乙酸（g/100 g）	（g/100 g）
对照（CK）	4.1	0.012 1 d	0.002 8 d	1.4 c
水浴青贮	4.2	0.008 5 e	0.001 8 e	0.8 d
0.01% 黑曲霉	4.2	0.016 1 c	0.003 7 b	1.8 a
0.05% 黑曲霉	4.0	0.016 5 bc	0.003 4 c	1.9 a
0.10% 黑曲霉	4.0	0.018 8 a	0.004 3 a	1.5 bc
0.20% 黑曲霉	4.1	0.017 2 bc	0.003 7 b	1.6 b
0.40% 黑曲霉	4.1	0.017 5 b	0.003 5 bc	1.3 c

注：同列数据中的不同小写字母表示差异显著（$P < 0.05$），方差分析采用 Tukey 法进行多重比较（$n=3$）。

四、木薯嫩茎叶青贮饲料添加剂的选择

（一）不同添加剂的配比

青贮饲料中使用添加剂的目的，主要是为了防止木薯青贮饲料霉变，减少纤维素和植物单宁含量，提高饲料的营养品质和增加饲料适口性（牟爱生等，2022）。根据前期的文献和相关国家饲料标准要求，分别添加防霉剂、酸化剂和甜味剂进行验证性试验，并根据试验要求设置对照组，同时，分析了添加防霉剂、酸化剂和甜味剂的青贮饲料主要营养品质。

（1）防霉剂。参照文献（李茂等，2018，2019），按原料重量分别添加 5 mL/kg 乙醇或 1% 单宁酸。

（2）酸化剂。参照文献（李茂等，2019），按原料重量添加有机酸 0.2% 乙酸或 0.2% 丙酸。

（3）甜味剂。参照文献（李茂等，2019），按原料重量 20 g/kg 添加葡萄糖。

（二）木薯嫩茎叶青贮饲料添加剂对饲料品质的影响

通过不同添加剂青贮处理后，对木薯青贮饲料的营养品质进行分析（表 5-13，表 5-14），显示青贮饲料含水量都为 60%～70%，添加剂对粗蛋白含量、粗纤维和 pH 值无显著影响，添加剂对粗脂肪含量的影响较小，但对氰化物都有显著的降解作用；防霉剂单宁酸可有效降解氰化物，但有机酸含量也显著降低，青贮饲料风味较差；酸化剂可提高青贮饲料的乳酸含量，但

乙酸含量也显著增加；甜味剂葡萄糖的添加，可极显著提高乳酸含量，青贮饲料感官评价也较好。因此，为了增加青贮饲料的适口性，降低氰化物含量，可根据需要添加不同的添加剂。

表 5-13   添加剂对木薯嫩茎叶青贮饲料主要营养品质的影响

处理	含水量（%）	灰分（%）	粗纤维（%）	粗脂肪（%）	氰化物（mg/kg）	粗蛋白（%）
对照（CK）	62.6	9.8 a	24.2 a	8.1 a	29.9 a	21.6
5 mL/kg 乙醇	65.7	9.4 b	24.1 a	8.1 a	19.1 c	20.7
1.0% 单宁酸	64.4	9.3 b	23.9 a	8.4 a	4.9 e	21.4
0.2% 乙酸	66.7	9.4 b	23.7 a	7.7 ab	12.4 d	21.2
0.2% 丙酸	66.1	9.3 b	23.8 a	7.3 ab	19.8 bc	21.3
20 g/kg 葡萄糖	63.9	9.2 b	24.1 a	7.0 b	21.3 b	21.3

注：同列数据中的不同小写字母表示差异显著（$P<0.05$），方差分析采用 Tukey 法进行多重比较。

表 5-14   添加剂对木薯茎叶青贮饲料风味品质的影响

处理	pH 值	有机酸		总酸（g/100 g）
		乳酸（g/100 g）	乙酸（g/100 g）	
对照（CK）	4.1	0.012 1 d	0.002 8 b	1.37 c
5 mL/kg 乙醇	4.1	0.014 8 c	0.002 7 bc	1.93 ab
1.0% 单宁酸	4.0	0.009 6 e	0.002 4 c	1.45 c
0.2% 乙酸	4.2	0.014 0 c	0.003 3 a	2.09 a
0.2% 丙酸	4.1	0.015 9 b	0.002 9 b	1.27 c
20 g/kg 葡萄糖	4.1	0.017 3 a	0.002 9 b	1.82 b

第七节   木薯嫩茎叶青贮与品质评价

一、木薯嫩茎叶青贮方式及注意事项

应根据青贮样品多少，选择合适的青贮设备的大小。目前，常用的青贮设备有青贮池、青贮袋、青贮罐。填装饲料，空间不应太满，以防青贮过程中发生膨胀导致空间不足；压实后应密封保存，30 d 后开罐进行取饲。若密

封不好，易出现霉菌和腐烂（彩图7）。

二、青贮饲料的品质评价

（一）品质评价样品的分取

在不同部位、不同深度取样5~6个点，每个样点采取约10 g的青贮饲料，混合均匀，-20℃冰箱保存，待用。青贮后分别取样，经65℃、48 h烘干，粉碎后密封保存待测。参照文献方法（周璐丽等，2016）进行粗脂肪、粗灰分、含水量、氰化物含量的测定。

（二）感官评价

打开青贮设备，通过感官对木薯嫩茎叶青贮饲料的颜色、香气、酸味、质地等指标进行鉴定，记录了不同优良程度青贮饲料的感官品质差异，并进行分级（表5-15，彩图8）。

表5-15　木薯青贮饲料感官评价指标

项目	优等	中等	劣等
颜色	青绿或黄绿色	黄褐色或暗褐色	褐色、黑色或墨绿色
气味	芳香酒酸味、面包香味	较强的酸味、芳香味	霉烂味或腐败味
质地	湿润、松散柔软，茎叶结构保持良好	柔软湿润，茎叶结构保持较差	干燥松散或结块、发黏、腐烂，茎叶结构保持极差

（三）化学鉴定

pH值测定：取青贮饲料样品20 g，加入80 mL蒸馏水，在4℃下浸泡24 h，经双层滤纸过滤后静置半小时，pH计测定pH值。发现不同脱氰处理和加入不同添加剂后，木薯嫩茎叶青贮饲料pH值都在4.0~4.2，达到了优等和中等青贮饲料的水平（表5-12，表5-14）。

有机酸含量检测：采用高效液相色谱仪测定乳酸、乙酸、丙酸、丁酸含量。目前，在木薯青贮饲料中仅检测到乳酸和乙酸，未检测到丙酸和丁酸。文献表明，好的饲料优良青贮饲料中游离酸约占2%，其中乳酸占1/3~1/2，乙酸占1/3，不含丁酸。显著增加乳酸、丙酸含量，显著降低乙酸含量，无丁酸检出，青贮评分等级为"优"。实验通过不同处理方式，发现木薯嫩茎叶青贮饲料中仅检测到乳酸和乙酸，未检测到丙酸和丁酸（图5-6，图5-7）。

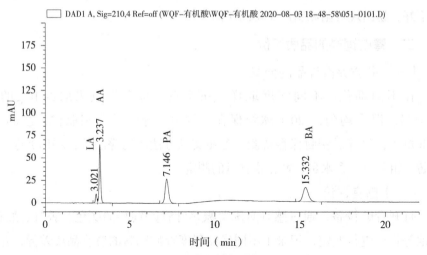

图 5-6　有机酸标准样品

（LA：乳酸，AA：乙酸，PA：丙酸，BA：丁酸）

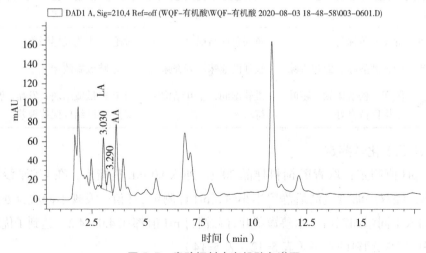

图 5-7　青贮饲料中有机酸色谱图

（LA，乳酸；AA，乙酸；PA，丙酸；BA，丁酸）

（四）青贮饲料的品质指标和分级

在感官评价和化学评价的基础上，根据文献及相关饲料标准的要求，我们对影响木薯嫩茎叶饲用的主要营养指标进行了确定，主要将粗蛋白、粗纤维、粗脂肪、灰分、含水量和氰化物含量 6 项作为判断青贮饲料的品质指标。根据文献报道和试验验证数据，确定了木薯嫩茎叶青贮饲料营养品质分级范围（表 5-16）。

表 5-16　木薯嫩茎叶青贮饲料品质指标及分级标准

项目（分级）	一级	二级	三级
粗蛋白（CP）（%）	≥20	15＜CP＜20	10＜CP≤15
粗纤维（CF）（%）	≤15	15＜CF≤20	20＜CF≤30
灰分（CA）（%）	＜5	5＜CA≤8	8＜CA≤10
pH 值	3.8＜pH≤4.2	4.2＜pH≤4.6	4.6＜pH≤5.2
含水量（%）	60～70		
氰化物含量（HCN）（mg/kg）	≤50		

注：①含量以干物质基础计算；②6 项指标必须全部符合相应等级才能判为该级别，低于则判为下一级别；③低于三级指标则为等外品。

第八节　本章小结

　　木薯嫩茎叶是制作青贮饲料的重要材料，选择合适的品种、合适的刈割时间可以提升木薯青贮饲料的营养价值。经过晾晒和黑曲霉等脱氰处理后青贮，可有效降低木薯青贮饲料的氰化物含量，达到国家饲料饲用安全水平。针对木薯副产物采收和利用技术标准缺失的情况，结合国内外木薯副产物利用研究基础和国外先进标准发展趋势，为切实做好农业副产物的高值化利用，规范木薯青贮饲料的生产程序，开展木薯嫩茎叶饲料化利用及标准制定研究，制定木薯青贮饲料生产技术规程，对推动我国木薯副产物的高值化利用和延长木薯产业链具有重要的指导意义。

第六章

甘薯加工废弃物资源化利用与标准研究

第一节　我国甘薯产业现状

我国是世界第一大甘薯生产国，甘薯产量占全球 70% 以上，产量在世界主要粮食作物产量中排名第七位，在我国仅次于水稻、小麦和玉米，居第四位。根据世界粮农组织（FAO）统计，进入 21 世纪以来我国甘薯种植面积呈缓慢下降趋势，2001 年为 5.507×10^6 hm^2，2010 年为 3.684×10^6 hm^2，年递减率约为 5%，我国甘薯种植面积占世界甘薯种植面积的比例已由 21 世纪初的 60.0% 左右下降到 45.0% 左右。2006—2010 年甘薯种植面积基本稳定，保持在 3.70×10^6 hm^2 左右，平均为 3.67×10^6 hm^2，占世界甘薯种植面积的 45.1%，年平均产量约 $7.804\ 8 \times 10^7$ t，占世界甘薯总产量的 75.3%。依据甘薯产业技术体系调研资料，2011 年我国种植甘薯面积约为 4.60×10^6 hm^2，仍占世界甘薯种植面积的 50.0% 以上，单产呈逐步增加趋势，为 22.5 t/hm^2，鲜薯总产保持在 1.0×10^8 t 左右。四川、重庆等种植面积较大的省市面积继续下滑，湖北、湖南、河北等省种植面积略有增加。

我国甘薯消费用途广泛，为加工业的发展提供了充足的原料，其保健功能也是其他作物所不能比拟的。世界卫生组织（WHO）、美国公共利益科学中心（CSPI）等对数十种常见蔬菜的研究结果表明，甘薯含有丰富的膳食纤维、糖、维生素、矿物质等人体必需的重要营养成分，称为最佳食品。我国改革开放以来经济发展较快，人民生活水平得到了很大的提高，人们开始崇尚绿色食品，甘薯正可满足这种需求；随着世界石油消费的日益增加，生物质能的开发和利用受到世界各国的高度重视，甘薯因其具有生物产量高、种植区域广、淀粉产量高、耐旱、耐盐、适应性强等特点，2007 年 9 月国家发展和改革委员会公布的《可再生能源中长期发展规划》已将甘薯列为近期重点发展的燃料乙醇原料。因此，充分利用我国的甘薯资源，发展甘薯产业具有重要的战略意义。

近年来，虽然我国甘薯加工产品种类逐渐丰富，但仍以淀粉、粉丝、粉条"三粉"为主，占全部甘薯产量的 40% 左右。每加工 1 t 鲜薯产生 2～3 t 废渣，全国每年产生的薯渣约 1 000 万 t，其含水量高，不易储存和运输，若不能有效利用，极易腐败变质而造成环境污染，已经成为限制我国甘薯淀粉行业持续健康发展的瓶颈问题。

同时，我国是一个饲料蛋白资源严重短缺的大国，每年需从国外进口大量豆粕、鱼粉等，以填补国内市场的不足。在国际贸易受限的情况下，我国饲料蛋白不足的问题将更为突出。为了回收利用甘薯渣，很多淀粉加工企业和农户均将甘薯渣或发酵后的甘薯渣作为饲料饲喂猪等家畜，但直接饲喂营养价值低，发酵后饲喂因发酵技术水平参差不齐，导致营养价值、安全性、储藏性能等不稳定，存在较大的风险。因此，亟须制定甘薯加工废渣制备饲料的标准，对于废渣的管理和利用、生态环境保护具有重要意义。

第二节　甘薯渣制备蛋白饲料技术

一、基础成分调研

目前，受甘薯淀粉加工原料来源广、加工技术水平参差不齐现状的影响，甘薯渣成分差异较大，由于品质的不稳定，对开发相应的利用技术造成了很大难度。项目研究过程中在四川省南充市、绵阳市等地收集了不同品种、不同加工技术产生的甘薯废渣（彩图 9），全面分析其特征。结果表明，取样甘薯渣含水量 75%～88%，淀粉含量 45.22%～61.58%（DW），蛋白质含量 2.33%～4.02%（DW）。总体来说，甘薯渣内碳源充足（彩图 10），可供微生物生长利用，但蛋白质含量低，营养价值不高，非常有必要使用发酵技术通过微生物菌体单细胞蛋白提升甘薯渣饲料的蛋白含量，从而提升其饲喂价值。

二、甘薯渣制备蛋白饲料的菌种选育

用于制备蛋白饲料的菌种需要满足以下条件：一是无害，以免影响制备饲料的生物安全性。二是生长速度快，一方面可以加快发酵速度、缩短生产周期，另一方面可以快速成为优势菌，以抑制杂菌生长。三是菌体蛋白含量高，可以利用薯渣中的营养成分快速繁殖，增加微生物菌体量，从而生产菌体蛋白。因此，以生长速度、菌体量、蛋白含量为考核指标，选育高效利用薯渣生成菌体的 GRAS（Generally Recognized as Safe，一般公认安全）微生物作为薯渣发酵的出发菌株。其中产朊假丝酵母、酿酒酵母、鼠李糖乳杆菌综合表现较优（彩图 11）。

三、甘薯渣饲料制备技术的开发

针对甘薯渣仅碳源充足、其他营养成分不全面、不能满足微生物生长代谢的特征，开发了预处理、辅料添加工艺，优化微生物菌株复配方案（图 6-1）及发酵过程调控技术，开发普适性强、成本低、益生菌数高、蛋白含量高的甘薯渣饲料制备技术，并固化工艺参数，蛋白含量较发酵前增加4～6 倍（彩图 12，彩图 13）。

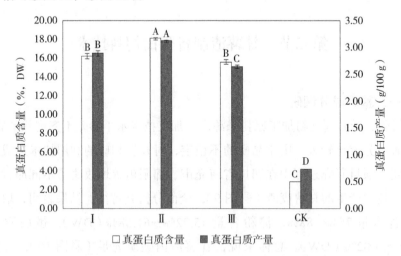

图 6-1　不同微生物菌种复配对薯渣蛋白含量的影响

［不同大写字母表示差异显著（$P < 0.05$），下同］

四、甘薯渣饲料的营养品质评价

蛋白质及氨基酸含量以及其组成是评价饲料营养价值的最重要的指标，以蛋白含量3%左右的甘薯淀粉加工废渣为原料，经微生物发酵制备了甘薯渣蛋白饲料，经第三方检测公司（四川威尔检测技术股份有限公司）检测，发酵后薯渣真蛋白含量21.86%，18种氨基酸总量29.26%（图6-2）。必需氨基酸指数（Essential Amino Acid Index，EAAI）分析结果显示（表6-1），甘薯渣经微生物发酵制备的饲料，必需氨基酸指数高、蛋白品质高，适于用作牛、羊、兔等的饲料。

四川威尔检测技术股份有限公司 控制编号：SCWT/QM04-708-01-2/0

检验报告

NO：20200728-12695S

序号	检验项目	标准要求	判定值	检测结果	单位	检验方法	结论
1	天门冬氨酸	/	/	3.35	%	GB/T 18246-2019	/
2	苏氨酸	/	/	1.72	%	GB/T 18246-2019	/
3	丝氨酸	/	/	1.79	%	GB/T 18246-2019	/
4	谷氨酸	/	/	4.81	%	GB/T 18246-2019	/
5	甘氨酸	/	/	1.25	%	GB/T 18246-2019	/
6	丙氨酸	/	/	1.89	%	GB/T 18246-2019	/
7	胱氨酸	/	/	0.41	%	GB/T 18246-2019	/
8	缬氨酸	/	/	1.72	%	GB/T 18246-2019	/
9	蛋氨酸	/	/	0.58	%	GB/T 18246-2019	/
10	异亮氨酸	/	/	1.53	%	GB/T 18246-2019	/
11	亮氨酸	/	/	2.17	%	GB/T 18246-2019	/
12	酪氨酸	/	/	1.01	%	GB/T 18246-2019	/
13	苯丙氨酸	/	/	1.24	%	GB/T 18246-2019	/
14	赖氨酸	/	/	1.89	%	GB/T 18246-2019	/
15	组氨酸	/	/	0.73	%	GB/T 18246-2019	/
16	精氨酸	/	/	1.21	%	GB/T 18246-2019	/
17	脯氨酸	/	/	1.69	%	GB/T 18246-2019	/
18	17种氨基酸总量	/	/	28.99	%	GB/T 18246-2019	/
19	色氨酸	/	/	0.27	g/100g	GB/T 15400-2018 高效液相色谱法	/
20	真蛋白质	/	/	21.86	%	实验室方法	/

—报告结束—

图6-2 甘薯渣制备蛋白饲料的第三方检测结果

表6-1 薯渣饲料的氨基酸组成（% of protein）及必需氨基酸指数（EAAI）

氨基酸	SPR	羊[a]	鸡[b]	兔[b]	牛[c]	猪[d]
精氨酸	4.14	6.94	–	6.19	6.6	6.5
组氨酸	2.49	2.61	–	2.70	2.5	3.7
异亮氨酸	5.23	3.19	5.54	4.82	2.8	3.9

续表

氨基酸	SPR	羊[a]	鸡[b]	兔[b]	牛[c]	猪[d]
亮氨酸	7.42	7.19	7.63	8.06	6.7	7.1
赖氨酸	6.46	7.03	8.24	9.15	6.4	7.6
甲硫氨酸	1.98	2.08	2.60	2.62	2.0	1.9
苯丙氨酸	4.24	4.15	4.15	3.40	3.5	3.8
苏氨酸	5.88	3.79	4.11	4.09	3.9	4.0
缬氨酸	5.88	4.28	5.27	4.82	4.0	4.7
色氨酸	0.92	–	1.06	0.25	–	1.1
EAAI		1.07	0.97	1.09	1.15	0.99

资料来源：[a]Loëst *et al.*（1999）；[b]Leekim *et al.*（1977）；[b]Zyl *et al.*（2003）；[c]Mahan *et al.*（1998）。

五、甘薯渣饲料的质量安全评价

利用《饲料中沙门氏菌的测定》（GB/T 13091—2018）及《饲料中大肠菌群的测定》（GB/T 18869—2019）检测了益生菌发酵制备的甘薯渣饲料中的病原微生物沙门氏菌及大肠菌群，结果符合《饲料卫生标准》（GB 13078—2017）。

第三节　甘薯渣丁醇发酵技术

丁醇是重要的平台化合物和极具潜力的生物质液体燃料，以淀粉质及糖质原料生产丁醇，因成本高、与人争粮等问题已逐渐被木质纤维素材料生产丁醇而代替，但木质纤维素材料因需要预处理及水解、脱毒等工艺而存在成本高、产生二次污染等问题。因此，针对甘薯加工废渣中残余淀粉含量较高的问题，开发了利用薯渣发酵生产丁醇的技术。

所选用的丙酮丁醇梭菌 CICC8012 具有淀粉水解酶活性，可省去淀粉液化糊化的过程而直接发酵，通过对料液比、降黏酶、氮源、微量元素等的优化，丁醇浓度可达 11.472 g/L，丁醇发酵效率达理论值的 90%，残糖含量低于 0.1%（图 6-3），在减少环境污染的同时，生产了高品质的生物基化学品。

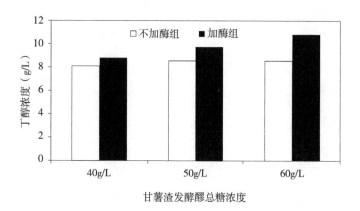

甘薯渣发酵醪总糖浓度

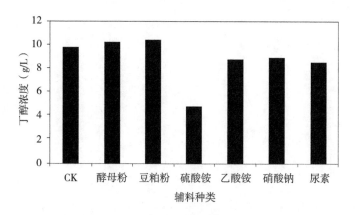

辅料种类

图 6-3 甘薯渣丁醇发酵工艺优化

第四节 本章小结

本项目的薯渣生产蛋白饲料关键技术不依赖于专用设备，有利于向农户及小型生产企业推广，促进薯渣资源化利用，降低饲料成本。同时，与提取果胶等技术相比，操作工艺简便、无二次污染，从而将制约甘薯淀粉加工业持续发展的面源污染变废为宝，实现资源化开发利用。

第三篇

果蔬篇

第七章

苹果酵素抗氧化活性与标准研究

第一节　苹果加工业现状

一、苹果概况

苹果是蔷薇科苹果亚科苹果属植物，普遍种植在温带、亚热带和热带环境中。目前，我国苹果种植面积近 3 000 万亩，是世界苹果生产和消费第一大国。但我国苹果的出口和生产有很大差距，我国苹果出口世界的数量占产量的 3% 左右，出口量也仅占世界苹果出口量的 2% 左右。而美国是世界上仅次于我国的第二大苹果生产国，其次是波兰、印度、土耳其和意大利。在我国，主要分为黄土高原和渤海湾两大优势苹果产区，其中，陕西是我国苹果生产第一大省，陕西和山东苹果生产集中度系数分别达 25.71% 和 24.27%；辽宁、山东和陕西苹果的生产规模显著大于全国平均水平，而西南和西北形成了西南冷凉高地苹果产区和新疆特色苹果产区。

在欧洲，苹果的大部分用于制作苹果酒和白兰地。在美国，67% 的苹果用于鲜食，33% 用于加工，而加工制品中苹果汁占 11.9%，罐装占 10.6%，制干占 2.2%，鲜切片占 1.6%，速冻占 1.7%，其他产品 0.9%。在我国，苹果有鲜食和加工两种食用方式，其中加工产品包括苹果汁、苹果酒、醋、果酱、酱汁、鲜果片、干果片、罐头及果冻等，占苹果总产量的 35%，苹果汁与浓缩苹果汁占加工产品的 90%。苹果资源丰富，加工方式多样，但供大于求现象尤为显著，开发利用研究仍需不断创新、发展。

二、苹果的营养价值

苹果是健康膳食中最营养的食物之一，其组成成分主要是水（＞80%）、糖（果糖＞葡萄糖＞蔗糖）、有机酸（0.2%～0.8%）、维生素（主要是维生素 C，2.3～31.1 mg/100 g 干物质）、矿物质（＝灰分 0.34%～1.23%）和膳食纤维（≈2%～3%，果胶＜50% 苹果纤维）。苹果的热量非常低，每 100 g 产生 60 Kcal 左右的热量，是减肥时的必备水果。

苹果中富含膳食纤维、多酚、黄酮、类胡萝卜素等活性成分，其中主要生物活性成分是二氢盐、黄酮-3-醇、黄酮醇、花青素和羟基肉桂酸，具有抗氧化特性，可改善心血管患者的脂质特征，降低慢性疾病的风险，抑制癌细胞增殖，减少脂质氧化，降低胆固醇。苹果中的奎塞汀、卡丹、磷酸和绿原酸都是强氧化剂，可以大大抑制肝癌、结肠癌细胞的生长。苹果中的苹果酸具有代谢热量的功能，用于防止下半身肥胖，并且苹果中营养成分具有可溶性大的特点，容易被人体吸收。因此，对苹果进行研究、开发及利用，提取活性物质，将来可在不同领域（如保健、药物、美容等）应用。

三、苹果产业现状

农业农村部数据显示，近 5 年全国苹果果园面积稳定 190 万 hm^2 左右，2018 年苹果产量接近 4 000 万 t，面积和产量均居世界首位。陕西、山东等 7 省的苹果种植面积、产量已占全国 4/5 以上。但果品加工能力不足 20%，水果自然腐烂的烂果率约 10%；水果生产中，落地果、残次果 10%，采收运输粗放造成果品碰撞、刺伤损失约 15%。

我国苹果产业存在着诸如产能过剩、卖果难问题加剧、苹果质量明显下降、流通环节增多、苹果流通成本居高不下、品种结构不合理、加工品种严重不足、购销双方地位不对等严重问题，其主要原因是种植规模过大，生产能力远超国内市场的容量，需要通过去产能、调结构、提质量、减少流通环节、果园机械化几个角度进行针对性改进，保障我国苹果产业可持续发展，提高果农收入。简而言之，苹果种植规模大，但存在的问题众多，其中产能过剩、加工品种不足是目前最迫切需要解决的问题，需要各方的共同协作。

第二节　国内外果蔬酵素产业发展的现状

一、国外果蔬酵素产业发展的现状

酵素指以动物、植物和食用菌等为原料，经微生物发酵制得的含有特定生物活性成分的可食用的酵素产品。通过发酵可显著降低糖含量，提高营养价值，延长水果饮料的保质期。将酵素按产品应用领域可分为食用酵素、环保酵素、日化酵素、饲用酵素和农用酵素；按其生产工艺可分为纯种发酵酵素、群种发酵酵素和复合发酵酵素；按发酵原料种类可分为植物酵素、菌类酵素、动物酵素和其他酵素；按产品形态可分为液态酵素、固态酵素和半固态酵素。发酵可以提高最终产品的微生物稳定性和安全性，提高易腐原料的保质期、矿物生物利用度、蛋白质和碳水化合物的消化性以及产品的感官特性。通过发酵，微生物可将碳水化合物转化为最终产物，如酒精、二氧化碳等。研究表明，发酵可以提高生物活性成分（如游离氨基酸和小分子肽）的浓度。由于导致消化不良的碳水化合物的减少以及维生素、矿物质和必需氨基酸的增加，使食品的质量、香气、味道以及消化率增强。

在医疗条件发达的国家和地区，天然果蔬酵素系列产品已经非常流行。2013 年，全球特用酵素市场为 27.4 亿美元，英国、美国、日本、法国等发达国家普遍使用，欧洲超过 5 000 万人使用，美国专门设立酵素研究机构，日本研究酵素有 40 多年的历史，称酵素为生命之源。

酵素以美国和欧洲为主要市场，近年来其市场增长幅度也相当强劲。口服酵素类产品是一种较为稀缺的市场产品，市场呈现出需求量远远大于供应量的情形，存在较大的市场空间。酵素食品在日本已有上百年的发展历史。调研发现，目前日本每年消费高达 1 000 亿日元的酵素食品。日本发明了独有的氨基酸、核酸发酵技术，使酵素的生产技术迅速发展，因此，至今为止在酵素加工技术上日本位居世界前列。微生物发酵技术虽然古老，却对人类生命与健康最有效。

二、我国果蔬酵素产业发展的现状

酵素自 2007 年开始进入中国市场，2010 年左右在中国大陆市场升温。中国大陆人口众多，食用酵素市场还处于起步阶段，中国大陆市场食用酵素总值保守估计将达 100 亿人民币。目前，中国女性与美丽相关的消费总额已超过 1 万亿人民币，国内生产的酵素大部分都销往美容院。由此可知，国内市场存在着很大的发展空间。另外，由于果蔬酵素有美容的功效，天然果蔬酵素系列产品虽然在国内还属于新型产品，但消费者对其反应良好，在实体店或者美容院中销售前景大好。鉴于人们对于酵素的认识还不够，因此可以挖掘出巨大的市场空间。

目前酵素的评价指标主要包括蛋白酶活性、抗氧化活性、可滴定酸含量和抑菌活性等。蛋白酶是酵素的主要功效酶，它能够催化蛋白质水解生成多肽及小分子氨基酸；DPPH 自由基是一种以氮原子为中心能稳定存在的自由基，通过检测样品对 DPPH 自由基的清除能力可显示其抗氧化性的强弱；可滴定酸则是植物品质的重要构成成分之一，是产品风味品质的重要因素；同时酵素本身可以抑制致病菌生长，增强机体免疫功能。

我国传统的产品如酸奶、泡菜、豆瓣酱、纳豆、豆腐乳、米醋、米酒等也可以称为食用型酵素产品。我国酵素产品历史悠久，但深入广泛研究起步较晚。近 20 年来，食用型酵素产品在我国取得了良好发展，但也存在许多问题，如生产工艺不明确与产品质量安全等。根据文献报道，当前国内食用型酵素产品市场火热，但质量管理方面跟不上，具备 QS 认证或获得批文的产品很少。

三、苹果酵素加工现状

目前，苹果主要加工产品有苹果汁、苹果酒、苹果醋和益生菌发酵苹果汁。

苹果汁是苹果饮料行业的一种产品，是纤维和多酚的丰富来源。M.L.Sudh 等研究发现采购的苹果果汁含有 10.8% 水分、0.5% 灰分和 51.1% 膳食纤维。含有丰富多酚的苹果汁可有效预防非传染性疾病，如改善高血压、高血脂、高血糖等非传染性疾病以及改善内皮功能、氧化应激和炎症反应。苹果纤维由类黄酮、多酚和类胡萝卜素等生物活性化合物组成，其与柑橘纤维共同被认为是优质膳食纤维的来源。N.P.Bondonno 等通过人体试验发现食用富含黄酮的苹果可改善内皮功能，从而预防心血管疾病。

常见的发酵食品具有以下 3 点特征：积累有机酸，提高其酸化水平，产生乙醇；一些消化不良的营养物质残留在体系中；为保证生产标准化，常将微生物混合物作为启动培养物进行添加。在发酵过程中，发酵产品的质量受温度、雨水、湿度等外部因素的影响，生产商无法控制这些因素，使得最终产品的风味、香气、颜色、质地和质量各不相同。常见的发酵产品包括苹果酒、苹果醋、发酵苹果汁等。

苹果酒中含有酚类化合物，赋予了其抗氧化活性。此外，酚类化合物可改变苹果酒的感官特性。苯酚化合物已被证明对健康有益，可降低慢性疾病的风险，如糖尿病、癌症和心血管疾病。与未发酵苹果汁相对比，发酵后的苹果汁未去皮，含有更丰富的膳食纤维，具有更浓的味道和更丰富的营养价值。苹果酒中最丰富的多酚类是羟基霉素酸衍生物，主要的羟基辛酸是4-p-库马罗伊克奎酸、绿原酸、咖啡酸、铁酸和p-库马酸。

苹果醋具有广泛的生物活性，如抗氧化、抗炎、抗高胆固醇、免疫调节、抗微生物、抗肥胖、抗糖尿病以及提供心脏保护、肝保护和肾保护特性。苹果醋中的多酚主要由羟基霉素酸、黄酮类化合物和少量二氢甲苯衍生物组成。

苹果汁可以促进益生菌的生长，具有相当高的营养价值。经益生菌发酵后，苹果汁保留其营养成分，获得独特的风味和功效，使益生菌产品多样化，并扩大消费者的选择。益生菌发酵苹果汁中富含羟基辛酸衍生物、绿原酸、咖啡因酸、铁酸和p-库马酸，其中绿原酸是主要化合物，羟基辛酸衍生物是最丰富的多酚。

四、酵素的功能

（一）平衡机体

发酵食品中的某些营养成分可以降低患癌症的风险，维持健康的肠道微生物群，维持生理平衡，预防各种疾病。当人体摄入大量的糖类、蛋白质、脂肪，人体无法吸收时，会堆积在体内，导致消化系统出现功能性障碍，引发各种疾病。而酵素中的蛋白酶可以将大分子蛋白质分解成小分子肽和氨基酸，减轻肾脏负担，保持肠内菌群平衡。

（二）消炎杀菌

乳酸菌的抗菌活性是发酵产品生产和消费中最受欢迎的特征之一。其杀菌或抑菌活性可能是由不同的代谢物产生的，如有机酸、过氧化氢等。Cervantes-Elizarrarás 等已经报道了从众多发酵产物中分离出的乳酸菌对几种致病菌的抗菌活性，如单核细胞增生李斯特菌、大肠杆菌、蜡样芽孢杆菌、金黄色葡萄球菌、伤寒沙门氏菌、肠炎沙门氏菌、铜绿假单胞菌、嗜水气单胞菌、菲米杆菌和幽门螺杆菌。

（三）美白抗氧化

多项研究表明，发酵后的产品具有抗氧化功能。例如，Emmanuel Kwaw 等研究发现桑汁进行乳酸菌发酵后，桑汁中的花青素、酚类和黄酮类化合物的浓度明显增加，其自由基清除能力显著升高。Santa-María 等研究发现，糙米酵素能有效阻止人表皮角质形成细胞单层以及再生表皮的脂质氧化，表现出与水很好的皮肤相容性，具有 4.8 ± 0.3 的防晒系数。杨洋等用邻苯三酚自氧化法、水杨酸法和 DPPH 分析法分别研究木瓜酵素对超氧阴离子自由基、羟基自由基和 DPPH 自由基的清除能力，并与同等条件下抗坏血酸抗氧化作用比较，结果表明木瓜酵素具有一定的抗氧化能力。Yu Zhang 等选用 *L. plantarum* J26 为发酵菌种，蓝莓汁为原料，获得的乳酸杆菌发酵蓝莓汁的酚类含量增加了 43.42%，DPPH、超氧阴离子和羟基自由基的清除能力显著增强。

（四）解酒护肝

酵素能有效减缓肠胃对酒精的吸收，能够改善头痛、延缓醉酒。动物实验发现，植物酵素能有效缓解小鼠急性酒精中毒情况，可明显降低谷草转氨酶、谷丙转氨酶活性，具有解酒护肝功效。Tiss 等研究发现，发酵的豆浆能有效抑制肥胖、高脂血症和高血糖，防止肝肾肥胖毒性。

（五）防治心脑血管疾病

Close I.L. Ahrén 等研究表明，*L. plantarum* 15313 发酵的蓝莓粉具有抗高血压特性，可降低患心血管疾病的风险。Löpez 等研究表明，发酵橙饮料的摄入可以提高谷胱甘肽和尿酸的水平，以及抗氧化酶活性、胆红素含量和血浆抗氧化能力，改善脂质，降低低密度脂蛋白的氧化，并维持大鼠的 IL-6 重组蛋白和 C- 反应蛋白水平，这表明发酵橙饮料对心血管危险因素的保护作用更大。

（六）抗肿瘤

Jiang 等研究发现，发酵的人参与未发酵的人参相比，具有更强的免疫活性，可更强烈地抑制癌细胞的生长。Lai 等结果显示，乳酸发酵降低了皂苷和植酸物质的含量，提高了总酚含量，延长了豆浆对结肠癌细胞 HT-29 和 Caco-2 的抗肿瘤细胞增殖作用。

第三节　苹果酵素发酵工艺研究

一、发酵菌种

食用植物酵素利用的微生物主要为酵母菌、乳酸菌、醋酸菌以及真菌等。

（一）酵母菌发酵

酵母菌为单细胞真核微生物，最适生长 pH 值为 5.0，最适生长温度为 25℃。酵母菌的代谢类型属于兼性厌氧型，当酵母菌的生存环境中缺乏足够的氧气时，酵母菌会利用葡萄糖大量合成乙醇和 CO_2；当酵母的生存环境中存在足量的氧气时，酵母菌通过糖酵解和三羧酸途径将进入酵母细胞的糖类彻底氧化成水和 CO_2，在此过程中酵母菌也会将一些中间代谢产物排出细胞外，如乳酸、酒石酸和苹果酸等。多项研究表明，酵母菌和乳酸菌是特性良好的发酵剂培养物，常用于降低麦麸植酸含量，增加可溶性纤维、总酚含量和抗氧化剂，以及带来独特的风味。

（二）乳酸菌发酵

乳酸菌是一类革兰氏阳性、无芽孢以及微量需氧型细菌，其最适生长条件为 pH 值 6.0，生长温度 37℃，且具有分解蛋白质和合成维生素 B 的能力。作为药食两用植物酵素的发酵菌种主要是同型乳酸发酵菌（乳酸乳杆菌、嗜酸乳杆菌和保加利亚乳杆菌等）、兼性异型发酵菌（干酪乳杆菌和植物乳杆菌）和嗜热链球菌等。常见的乳酸菌发酵食品有酸奶、牛奶饮料、奶酪、发酵豆制品和其他发酵食品。

在发酵过程中，乳酸菌的添加会导致二次代谢物的形成，如细菌素、乙醇、醋酸、芳香化合物、胞外多糖、生物活性肽、维生素和某些酶。其具有多种促进健康的作用，例如，可调节肠道菌群、降低血清胆固醇水平、加强免疫系统和改善口腔疾病。用乳酸菌发酵食品可快速酸化食品，延长其保质期，提高营养和感官品质，改善风味和质地，去除不良化合物。

（三）醋酸菌发酵

醋酸菌属于革兰氏阴性菌或变种，无芽孢，最适生长 pH 值为 5.0～6.5，最适生长温度为 28～30℃。一般不产生色素，但少数菌株产生水溶性色素。

通常情况下氧气作为最终电子受体，能够将糖类、糖醇类或醇类氧化为相应的葡萄糖、酮或乙酸等物质，且大部分醋酸菌能够使用硫酸铵作为唯一氮源，而利用氨合成所有氨基酸。醋酸菌将乙醇转化为乙酸的主要代谢伴随着次生代谢的发生，在次生代谢过程中生成少量挥发性物质，包括乙烷、乙醛、甲酸乙酯、乙酸乙酯、乙酸异戊酯、丁醇、甲基丁醇和 3- 羟基 -2- 丁酮。目前常用醋酸菌与其他发酵菌共同制备药食两用植物酵素，醋酸菌单一发酵主要用于工业生产酿造食醋及果醋饮料等。醋酸菌发酵食品多为醋、维生素 C 和纤维素。

（四）霉菌发酵

米根霉的最适生长温度为 30～33℃，菌丝较为高大粗糙。根霉分泌的淀粉酶的活力较高，除了具有糖化作用外，也可使发酵过程中产生少量的乙醇、乳酸、丁烯二酸及反丁烯二酸，从而丰富产品的风味。黑曲霉属半知菌亚门丝孢纲丝孢目丝孢丛梗孢科曲霉属，是丝状真菌的一个常见种，其发酵周期短，生长旺盛，可生产纤维素酶、木聚糖酶、淀粉酶、蛋白酶、糖化酶、果胶酶、脂肪酶和葡萄糖氧化酶等多种酶，具有不产毒、较强的外源基因表达能力及高效的蛋白表达、分泌和修饰能力，同时，重组子也具有很高的遗传稳定性。

（五）混菌发酵

混菌发酵指利用原料中自然分布的微生物或者人为使用两种以上微生物进行酵素发酵。利用微生物之间的互利共生关系使发酵得到更加丰富的代谢产物。酵素的原料不同，在发酵过程中微生物的群落组成不同，如研究发现黑果枸杞酵素自然发酵过程中，样品中未检测到醋酸菌，而主要是酵母菌、乳酸菌和霉菌在发酵期间起作用。舒旭晨等以铁皮石斛鲜条为原料，以酵母菌、乳酸菌为混菌发酵剂，对石斛酵素发酵条件进行优化研究。在单因素实验的基础上，以羟基自由基清除率为响应指标，基于单因素实验结果分析，采用响应面设计法获得酵母、乳酸菌混合发酵制备抗氧化石斛酵素的优化条件：蔗糖质量分数 8.12%、菌种配比（酵母菌：乳酸菌）1：2、发酵温度 31℃，接种量 6%，料液比 1：4.5，经 8 d 发酵，石斛酵素羟基自由基清除率达到了 34.79%，比优化前提升了 108.45%，相比石斛自然浸出液及单菌发酵具有明显的优势。

二、酵母菌发酵工艺研究

1. 碳源添加量的确定

酶活是衡量发酵体系是否达到成熟的指标之一，是酵素行业广泛测定的营养指标。由图 7-1 可知，随着碳源添加量的增加，发酵液的 SOD（超氧化物歧氏酶）活性、总酸含量在 2%～4% 显著升高；在 4%～6% 显著下降。在碳源添加量为 4% 时，SOD 活性、总酸含量达到最高。故选定碳源添加量为 4%。

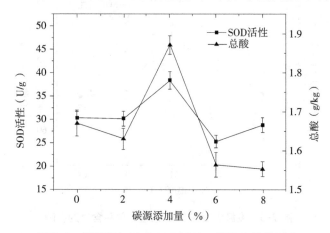

图 7-1　碳源添加量对 SOD 活性、总酸含量的影响

2. 酵母菌接种量的确定

由图 7-2 可知，随着酵母菌接种量的增加，酵母菌 SOD 活性、总酸含量逐渐升高。当接种量为 4% 时，达到最高；在 4%～5% 时，SOD 活性、总酸含量显著降低，故选用 4% 的酵母菌接种量进行酵母菌发酵。

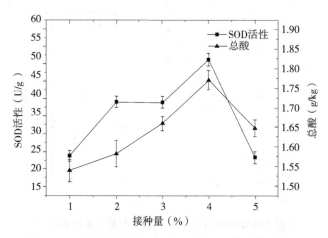

图 7-2　酵母菌接种量对 SOD 活性、总酸含量的影响

3. 发酵温度的确定

由图 7-3 可知，随着温度的升高，发酵液的 SOD 活性、总酸含量显著升高。当温度大于 31℃时，SOD 活性、总酸含量逐渐降低；在 35~39℃趋势减缓，其主要原因是发酵液中的酵母菌活力下降，发酵速度减缓。故选定发酵温度为 31℃。

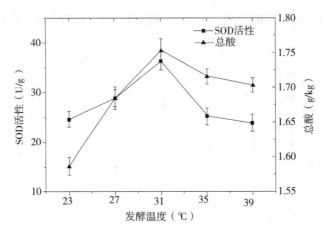

图 7-3　发酵温度对 SOD 活性、总酸含量的影响

4. 发酵时间的确定

由图 7-4 可知，随着时间的延长，酵母菌 SOD 活性、总酸含量显著升高。当超过 25 h 后，SOD 活性、总酸含量显著降低。故选定发酵时间为 25 h。

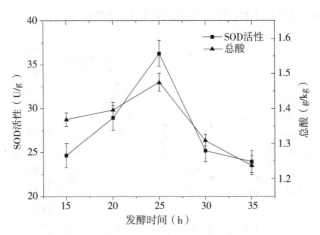

图 7-4 发酵时间对 SOD 活性、总酸含量的影响

5. 料液比的确定

由图 7-5 可知，随着料液比的增加，SOD 活性、总酸含量逐渐升高，当料液比大于 3 : 7 时，其 SOD 活性、总酸含量降低后趋于稳定。当料液比为 5 : 7 时，由于酵母菌不足以充分利用发酵液中的物质，故发酵速度减缓，并逐渐停止。故选定料液比为 3 : 7。

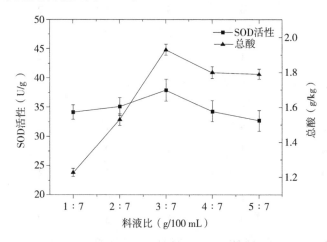

图 7-5　料液比对 SOD 活性、总酸含量的影响

6. 正交试验

根据单因素试验结果，选取碳源添加量（A）、酵母菌接种量（B）、发酵时间（C）、发酵温度（D）、料液比（E）5 因素进行正交试验。

由表 7-1 中极差值可知，影响苹果酵素品质的因素主次顺序：A＞C＞E＞D＞B，最佳的方案为 A2B4C3D4E2，即碳源添加量为 2%，酵母菌接种量为 5%，发酵时间为 25 h，发酵温度为 35℃，料液比为 2 : 7。

表 7-1　因素水平及正交试验结果

| 编号 | 因素 | | | | | 评价指标 |
	A 碳源添加量（%）	B 酵母菌接种量（%）	C 发酵时间（h）	D 发酵温度（℃）	E 料液比（g/100 mL）	SOD 活性（U/g）
1	1	1	1	1	1	35.53
2	1	2	2	2	2	6.96
3	1	3	3	3	3	14.29
4	1	4	4	4	4	2.10
5	2	1	2	3	4	16.96

续表

编号	因素					评价指标 SOD 活性（U/g）
	A 碳源添加量（%）	B 酵母菌接种量（%）	C 发酵时间（h）	D 发酵温度（℃）	E 料液比（g/100 mL）	
6	2	2	1	4	3	13.92
7	2	3	4	1	2	14.27
8	2	4	3	2	1	4.86
9	3	1	3	4	2	8.67
10	3	2	4	3	1	15.35
11	3	3	1	2	4	18.44
12	3	4	2	1	3	14.91
13	4	1	4	2	3	25.45
14	4	2	3	1	4	19.20
15	4	3	2	4	1	12.88
16	4	4	1	3	2	8.22
K1	58.88	86.60	76.11	83.92	68.63	
K2	50.01	55.44	51.70	55.71	38.12	
K3	57.37	59.87	47.02	54.81	68.57	
K4	65.74	30.09	57.17	37.56	56.69	
k1	14.72	21.65	19.03	20.98	17.16	
k2	12.50	13.86	12.93	13.93	9.53	
k3	14.34	14.97	11.76	13.70	17.14	
k4	16.44	7.52	14.29	9.39	14.17	
R	3.93	14.13	7.27	11.59	7.63	

三、植物乳杆菌发酵工艺研究

1. 碳源添加量的确定

由图 7-6 可知，随着碳源浓度的增加，SOD 活性先下降后上升，在碳源添加量为 2% 时，SOD 活性最高。当浓度超过 6% 时，SOD 活力显著降低。而随着碳源添加量的增加，总酸含量先上升后下降，在 6%~8% 略有上升。故选定碳源添加量为 2%。

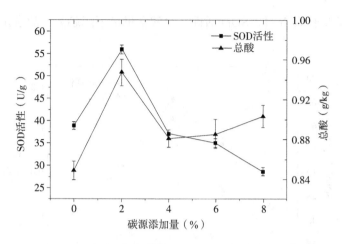

图 7-6　碳源添加量对 SOD 活性、总酸含量的影响

2. 植物乳杆菌接种量的确定

由图 7-7 可知，随着植物乳杆菌接种量的增加，SOD 活性、总酸含量在 3% 时最大。故选定植物乳杆菌的接种量为 3%。

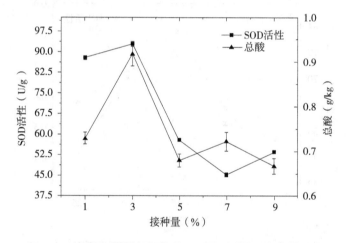

图 7-7　植物乳杆菌接种量对 SOD 活性、总酸含量的影响

3. 发酵温度的确定

由图 7-8 可知，随着温度的升高，SOD 活性、总酸含量显著升高；当温度大于 33℃时，SOD 活性、总酸含量均逐渐降低。故选定发酵温度为 33℃。

4. 发酵时间的确定

由图 7-9 可知，随着发酵时间的延长，SOD 活性、总酸含量显著升高；

当发酵时间大于 15 h 时，SOD 活性、总酸含量呈下降趋势。故选定发酵时间为 15 h。

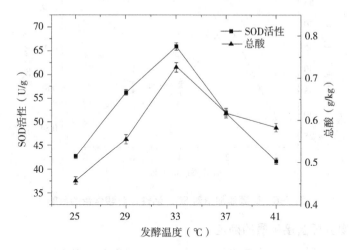

图 7-8　发酵温度对 SOD 活性、总酸含量的影响

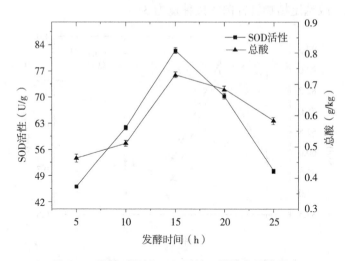

图 7-9　发酵时间对 SOD 活性、总酸含量的影响

5. 料液比的确定

由图 7-10 可知，随着料液比的增加，SOD 活性呈波动状态，在料液比为 3 : 7 时，活性最大；而总酸的含量呈先上升后下降趋势，同样在 3 : 7 时，达到最大。故选定料液比为 3 : 7。

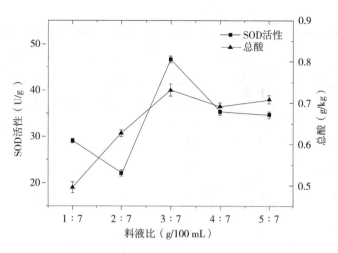

图 7-10　料液比对 SOD 活性、总酸含量的影响

6. 正交实验

根据单因素试验结果，选取碳源添加量（A）、植物乳杆菌接种量（B）、发酵时间（C）、发酵温度（D）、料液比（E）5 因素进行正交试验。

由表 7-2 中极差值可知，影响苹果酵素品质的因素主次顺序：C＞B＞A＞D＞E，最佳的方案为 A4B4C2D3E3，即碳源添加量为 6%，植物乳杆菌接种量为 5%，发酵时间为 10 h，发酵温度为 33℃，料液比为 3∶7。

表 7-2　因素水平及正交试验结果

编号	因素					评价指标 SOD 活性（U/g）
	A 碳源添加量（%）	B 植物乳杆菌接种量（%）	C 发酵时间（h）	D 发酵温度（℃）	E 料液比（g/100 mL）	
1	1	1	1	1	1	26.28
2	1	2	2	2	2	19.66
3	1	3	3	3	3	52.43
4	1	4	4	4	4	26.28
5	2	1	2	3	4	30.66
6	2	2	1	4	3	34.40
7	2	3	4	1	2	15.61

续表

编号	因素					评价指标 SOD 活性（U/g）
	A 碳源添加量（%）	B 植物乳杆菌接种量（%）	C 发酵时间（h）	D 发酵温度（℃）	E 料液比（g/100 mL）	
8	2	4	3	2	1	21.26
9	3	1	3	4	2	20.03
10	3	2	4	3	1	24.23
11	3	3	1	2	4	6.66
12	3	4	2	1	3	36.67
13	4	1	4	2	3	36.79
14	4	2	3	1	4	21.29
15	4	3	2	4	1	35.46
16	4	4	1	3	2	36.52
K1	124.65	113.76	103.87	99.84	107.22	
K2	101.93	99.57	122.44	84.37	91.82	
K3	87.59	110.17	115.01	143.84	160.29	
K4	130.05	120.72	102.91	116.17	84.88	
k1	31.16	28.44	25.97	24.96	26.81	
k2	25.48	24.89	30.61	21.09	22.96	
k3	21.90	27.54	28.75	35.96	40.07	
k4	32.51	30.18	25.73	29.04	21.22	
R	9.26	5.29	3.03	14.87	18.85	

四、混菌发酵工艺研究

1. 接种时间

由图 7-11 可知，接种酵母菌 5 h 后，发酵液 SOD 活性达到最高，此时接种植物乳杆菌进行后续发酵最佳。故选定在 5 h 时接种植物乳杆菌。

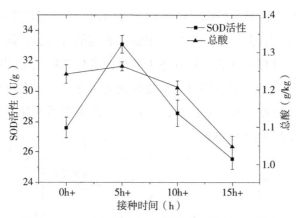

图 7-11　接种时间对 SOD 活性、总酸含量的影响

2. 接种顺序

由图 7-12 可知，预先接种酵母菌，后接种植物乳杆菌时，发酵液的 SOD 活性最高、总酸含量最大。同时接种酵母菌与植物乳杆菌时，SOD 活性最低、总酸含量最低。其主要原因是酵母菌为好氧菌，植物乳杆菌为厌氧菌，两者对氧气反应存在差异，且两者的发酵温度差异较大，同时接种无法达到各自的最优条件。若先接种植物乳杆菌，酵母菌易生长不良。而植物乳杆菌对营养物质的利用率较高，酵母菌未利用碳源产生的相关代谢产物，发酵液发酵不完全，且植物乳杆菌发酵时间过长，植物乳杆菌活力会自溶或衰亡。故选定优先接种酵母菌、后接种植物乳杆菌。

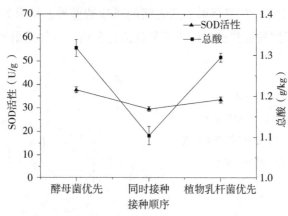

图 7-12　接种顺序对 SOD 活性、总酸含量的影响

3. 总发酵时间

由图 7-13 可知，接种酵母菌 5 h 后，接种植物乳杆菌继续发酵，在

5～15 h时SOD活性显著升高，可达到37.33 U/g。酵母菌与植物乳杆菌之间存在互利共生作用。酵母菌产生具有中链脂肪酸的甘露糖，促进植物乳杆菌的生长，而植物乳杆菌代谢产物乳糖为酵母菌的生长提供了碳源，植物乳杆菌还可通过丙酮酸盐裂解酶将丙酮酸盐转化为甲酸盐，或者将柠檬酸盐分解为乳酸盐、乙酰甲基原醇、双乙酰、2,3-丁二醇等芳香物质，使发酵体系产香。故选定总发酵时间为15 h。

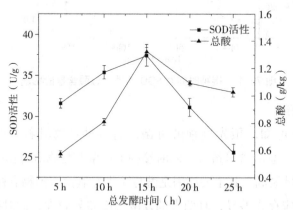

图7-13　总发酵时间对SOD活性、总酸含量的影响

五、苹果酵素成分研究

1.电子鼻

应用电子鼻分析比较未发酵苹果汁、酵母菌发酵苹果酵素、植物乳杆菌发酵苹果酵素及混菌发酵苹果酵素之间的风味的差异，结果如图7-14所示。结合电子鼻传感器性能描述对四类苹果汁进行分析，具体结果如下。

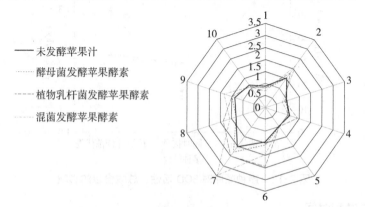

图7-14　未发酵苹果汁、酵母菌发酵苹果酵素、植物乳杆菌发酵苹果酵素
与混菌发酵苹果酵素4种样液的电子鼻雷达图

在 1 号（芳香成分）传感器上，未发酵苹果汁、酵母菌发酵苹果酵素、植物乳杆菌发酵苹果酵素没有明显差异，而混菌发酵苹果酵素较其他 3 种果汁，响应值偏低。

在 4 种样液中，混菌发酵苹果酵素对 2 号（对氮氧化合物很灵敏）传感器的响应值最高，其次为植物乳杆菌发酵苹果酵素，而未发酵苹果汁与酵母菌发酵苹果酵素没有明显差异。

在 3 号（对芳香成分灵敏）传感器上，未发酵苹果汁的响应值明显高于其他 3 种，酵母菌发酵苹果酵素、植物乳杆菌发酵苹果酵素次之，混菌发酵苹果酵素相应值最低。

对于 4 号（主要对氢气有选择性）传感器，植物乳杆菌发酵苹果酵素的响应值最高。

在 4 种样液中，6 号传感器（对甲烷灵敏）的响应值从高到低依次为植物乳杆菌发酵苹果酵素、混菌发酵苹果酵素、酵母菌发酵苹果酵素、未发酵苹果汁。

7 号（对硫化物灵敏）响应值在 4 种果汁中有显著差异，混菌发酵的果汁响应值最高，其次分别为植物乳杆菌发酵苹果酵素、酵母菌发酵苹果酵素、未发酵苹果汁。

在植物乳杆菌发酵苹果酵素中，8 号（对乙醇灵敏）响应值较高。

在混菌发酵苹果酵素中，9 号（芳香成分，对有机硫化物灵敏）响应值偏高。

4 种样液对 5 号（烷烃芳香成分）传感器、10 号（对烷烃灵敏）传感器上，响应值没有明显差异。

综上所述，未发酵苹果汁中芳香成分（3 号传感器）较突出。酵母菌发酵苹果酵素中芳香成分（1 号）、芳香成分（3 号）较敏感。植物乳杆菌发酵苹果酵素中氮氧化合物（2 号）、甲烷（6 号）、硫化物（7 号）、乙醇（8 号）较敏感；混菌发酵苹果酵素氮氧化合物（2 号）、甲烷（6 号）、硫化物（7 号）、芳香成分（9 号）较敏感。

由图 7-14 发现未发酵苹果汁与酵母菌发酵苹果酵素的风味轮廓极其相似，两者响应值变化较为明显的传感器是 2、4、6、7 和 9，且在另两种苹果酵素中同样有明显的响应，且含量明显升高。据研究富士苹果与其他品种苹果的差异主要存在于甲烷、硫化物、氮氧化合物、乙醇类和芳香成分等化合物，7 号传感器贡献最大。气味在甲烷 7 号传感器贡献最大。正如在本实验中甲烷、硫化物、氮氧化合物、乙醇类和芳香成分等化合物的响应值与其他传感器响应值相比，明显偏高。相较而言，混菌发酵在 4 种样液中占有显著优势，香气更加丰富。

2. 气质联用

为深入了解发酵前后不同发酵液中风味的变化，通过 GC-MS 检测未发酵苹果汁、酵母菌发酵苹果酵素、植物乳杆菌发酵苹果酵素和混菌发酵苹果酵素 4 个体系的风味化合物的构成，结果见表 7-3。

表 7-3 不同处理苹果汁的气质联用结果对比

序号	风味化合物	未发酵苹果汁	酵母菌发酵苹果酵素	植物乳杆菌发酵苹果酵素	混菌发酵苹果酵素
1		邻苯二甲酸二丁酯	邻苯二甲酸二丁酯	邻苯二甲酸二丁酯	邻苯二甲酸二丁酯
2		邻苯二甲酸二乙酯	邻苯二甲酸二乙酯	邻苯二甲酸二乙酯	3,7,11- 三甲基 -1,6,10- 十二烷三烯 -3- 醇乙酸酯
3		4- 甲基 -2- 戊醇乙酸酯	4- 甲基 -2- 戊醇乙酸酯	十三酸乙酯	4- 甲基 -2- 戊醇乙酸酯
4		棕榈酸异丙酯	癸酸异丁酯	棕榈酸异丙酯	棕榈酸异丙酯
5	酯类	邻苯二甲酸二异丁酯	邻苯二甲酸二异丁酯	邻苯二甲酸二异丁酯	邻苯二甲酸二异丁酯
6		乙酸叔丁酯	己酸异戊酯		己酸异戊酯
7		十四酸异丙酯	反式 -2- 癸烯酸乙酯		反式 -2- 癸烯酸乙酯
8		硬脂酸甲酯	反油酸乙酯		3,7,11- 三甲基 -1,6,10- 十二烷三烯 -3- 醇乙酸酯
9			9- 十六碳烯酸乙酯		
10			亚油酸乙酯		
11		1- 叔戊醇	1- 叔戊醇	1- 叔戊醇	叔戊醇
12	醇类	1- 己醇	1- 己醇	1- 己醇	1- 己醇
13		1- 十七醇	乙醇	正辛醇	乙醇
14		1- 十二醇	1- 十二醇	1- 十二醇	1- 十二醇

续表

序号	风味化合物	未发酵苹果汁	酵母菌发酵苹果酵素	植物乳杆菌发酵苹果酵素	混菌发酵苹果酵素
15		(Z)-3,7,11-三甲基-2,6,10-十二烷三烯-3-醇	(Z)-3,7,11-三甲基-2,6,10-十二烷三烯-3-醇	(Z)-3,7,11-三甲基-2,6,10-十二烷三烯-3-醇	(Z)-3,7,11-三甲基-2,6,10-十二烷三烯-3-醇
16	醇类		2-苯基乙醇	2-苯基乙醇	2-苯基乙醇
17			香叶基香叶醇	香叶基香叶醇	香叶基香叶醇
18			正辛醇	1-壬醇	正辛醇
19			1-二十一醇	反-4-乙基环己醇	1-二十一醇
20			反-3-己烯-1-醇		
21		壬醛	壬醛	壬醛	壬醛
22		1-癸醛	1-癸醛	1-癸醛	1-癸醛
23		1-己醛	苯乙醛	辛醛	苯乙醛
24	醛类	2,4-癸二烯醛	肉豆蔻醛		十五烷醛
25		十七（碳）醛			
26		己酸	月桂酸	月桂酸	月桂酸
27			辛酸	辛酸	辛酸
28			乙酸	油酸	乙酸
29	酸类		肉豆蔻酸		肉豆蔻酸
30			癸酸		癸酸
31			9-癸烯酸		癸烯酸
32			1-庚醇		(Z,Z)-亚油酸
33		十六烷	十六烷	十六烷	正四十烷
34		十七（碳）烷	十七（碳）烷		十七（碳）烷
35	烷烃类	正十八烷	正十八烷		正十八烷
36		正十四烷	2-甲基二十八（碳）烷		2-甲基二十四（碳）烷

续表

序号	风味化合物	未发酵苹果汁	酵母菌发酵苹果酵素	植物乳杆菌发酵苹果酵素	混菌发酵苹果酵素
37		正二十一烷			正二十一烷
38	烷烃类	二十烷			四十四烷
39		正十九烷			
40	酮类	（Z）-橙花基丙酮	（Z）-橙花基丙酮	2-十一酮	2-十一酮
41				香叶基丙酮	（Z）-橙花基丙酮
42					2-壬酮
43	芳香族类	丁基化羟基甲苯		甘菊环	

由表 7-3 可知，苹果发酵前后风味物质的构成具有一定的差异性，未经发酵的苹果汁中共检出 28 种挥发性风味物质，包括 8 种酯、5 种醇、5 种醛、1 种酸、1 种酮、7 种烷烃类和 1 种芳香族类；经酵母菌发酵的苹果酵素中共检出 36 种风味物质，包括 10 种酯、10 种醇、4 种醛、7 种酸、1 种酮和 4 种烷烃类；经植物乳杆菌发酵的苹果酵素中共检出 24 种风味物质，包括 5 种酯、9 种醇、3 种醛、3 种酸、2 种酮、1 种烷烃类和 1 种芳香族类；而由酵母菌与植物乳杆菌混合发酵的苹果酵素中共检出 37 种风味物质，包括 8 种酯、9 种醇、4 种醛、7 种酸、3 种酮和 6 种烷烃类酮。

从挥发性物质的数量上来看，酵母菌与植物乳杆菌发酵后的苹果酵素有明显差异，酯类、醇类、烷烃类与酸类的数量上酵母菌发酵均比植物乳杆菌发酵多。而与未经发酵的苹果汁相比，酵母菌发酵与混菌发酵后的苹果酵素均有显著的增加，而与植物乳杆菌发酵酵素制品数量大致相同。具体情况如下。

一是醛醇类。发酵制品中醛醇类物质的主要香气特征是果香。发酵后未检出的物质：1-十七醇、十七（碳）醛、2,4-癸二烯醛、1-己醛。酵母菌发酵后的苹果酵素中反-3-己烯-1-醇、肉豆蔻醛未在其他液体中检出。植物乳杆菌发酵后的苹果酵素中辛醛、1-壬醇、反-4-乙基环己醇未在其他液体中检出。混合发酵的苹果酵素中十五烷醛未在其他液体中检出。醇类物质通常被认为是脂肪酸氧化的产物。

二是酮类。植物乳杆菌发酵后的苹果酵素中香叶基丙酮未在其他液体中检出。混合发酵的苹果酵素中 2-壬酮未在其他液体中检出。酮类物质通常来源于不饱和脂肪酸受热氧化和降解的产物，而酯类热降解所产生的挥发性成分决定了食品的不同风味种类。

三是酯类物质。酯类通常给人带来甜的、愉快的果香。在未发酵果汁、酵母菌发酵苹果酵素、植物乳杆菌发酵苹果酵素、混菌发酵苹果酵素中均存在邻苯二甲酸二丁酯。发酵后未检出的物质：硬脂酸甲酯、十四酸异丙酯、乙酸叔丁酯。酵母菌发酵后的苹果酵素中癸酸异丁酯、反油酸乙酯、9-十六碳烯酸乙酯、亚油酸乙酯未在其他液体中检出。植物乳杆菌发酵后的苹果酵素中十三酸乙酯未在其他液体中检出。混合发酵的苹果酵素中 3,7,11-三甲基-1,6,10-十二烷三烯-3-醇乙酸酯未在其他液体中检出。未经发酵的苹果汁中共检出 8 种酯类物质，酵母菌发酵的苹果酵素中共检出 10 种酯类物质，植物乳杆菌发酵的苹果酵素中共检出 5 种酯类物质，混菌发酵的苹果酵素中共检出 8 种酯类物质。而以上未在其他三类液体中检出的物质是 4 种样液的差异之处。鉴于酯类特殊的香味，其对发酵后苹果酵素的风味的改变起着至关重要的作用。

四是其他。发酵后未检出的物质：2-甲基二十八（碳）烷、丁基化羟基甲苯、正十九烷、二十烷、正十四烷、己酸。植物乳杆菌发酵后的苹果酵素中甘菊环、油酸未在其他液体中检出。混菌发酵的苹果酵素中 2-甲基二十四（碳）烷、亚油酸未在其他液体中检出。

故利用酵母菌、植物乳杆菌对苹果进行发酵，对发酵后的产品进行挥发性风味物质的定性分析发现，苹果汁经过发酵处理后，检测出更多的酸、醇、酯，其中酵母菌的添加起到了至关重要的作用。

3. 液质联用

根据液质图谱进行人工解析并与数据库比较，如表 7-4 苹果汁中共鉴定出多酚类化合物 38 种，酵母菌发酵苹果酵素中共鉴定出 35 种，植物乳杆菌发酵苹果酵素中共鉴定出 40 种，混菌发酵苹果酵素中共鉴定出 43 种。其中有 32 种化合物在 4 种样液中均存在，分别是苍术素、黄烷酮、槲皮苷、原花青素 B_1、原花青素 B_2、紫云英苷、棕榈酸甲酯、α-亚麻酸、木樨草苷、6-姜酚、荭草苷、田基黄苷、肉桂酸、异荭草素、咖啡碱、胞嘧啶、绿原酸、1-咖啡酰奎宁酸、隐绿原酸、青蒿酸、莪术烯醇、壬二酸、阿魏酸乙酯、金丝桃苷、异槲皮苷、杨梅苷、右旋奎宁酸、紫苏烯、2-金刚烷酮、7-羟基香豆素、尼泊金异丁酯和山奈酚-7-O-β-D-葡萄糖苷。而棉籽糖在未发酵苹果汁、植物乳杆菌发酵苹果酵素、混菌发酵苹果酵素出现，酵母菌发酵苹果酵素中不出现。儿茶精、（＋）-儿茶素、表儿茶素具有抗肿瘤、抗氧化、抗病菌以及保护心脑器官等多种药理作用。儿茶精、（＋）-儿茶素、表儿茶素在3种苹果酵素中均有出现，未在未发酵苹果汁中出现，表明苹果酵素中出现了抗癌活性物质，证明发酵可以赋予酵素新的功能。4-甲氧基苯乙酸仅在未发酵苹果汁和混菌发酵苹果酵素中出现。恩贝酸、桑黄素、槲皮素、草质素则未在酵母菌发酵苹果酵素中出现，表明酵母菌在发酵过程中既产生新的物质，又丧失了一部分物质。桑黄素、槲皮素对黄嘌呤氧化酶活性有较强的抑制作用，它们的丧失导致酵母菌发酵苹果酵素的抗氧化能力降低。

表7-4　不同处理苹果汁的液质联用结果对比

序号	未发酵苹果汁	酵母菌发酵苹果酵素	植物乳杆菌发酵苹果酵素	混菌发酵苹果酵素
1	苍术素	苍术素	苍术素	苍术素
2	黄烷酮	黄烷酮	黄烷酮	黄烷酮
3	槲皮苷	槲皮苷	槲皮苷	槲皮苷
4	原花青素 B_1	原花青素 B_1	原花青素 B_1	原花青素 B_1
5	原花青素 B_2	原花青素 B_2	原花青素 B_2	原花青素 B_2
6	紫云英苷	紫云英苷	紫云英苷	紫云英苷
7	棕榈酸甲酯	棕榈酸甲酯	α-亚麻酸	α-亚麻酸
8	α-亚麻酸	α-亚麻酸	棕榈酸甲酯	棕榈酸甲酯
9	木樨草苷	木樨草苷	木樨草苷	木樨草苷
10	6-姜酚	6-姜酚	6-姜酚	6-姜酚
11	荭草苷	荭草苷	荭草苷	荭草苷
12	田基黄苷	田基黄苷	田基黄苷	田基黄苷
13	肉桂酸	肉桂酸	肉桂酸	肉桂酸
14	异荭草素	异荭草素	异荭草素	异荭草素
15	咖啡碱	咖啡碱	咖啡碱	咖啡碱
16	胞嘧啶	胞嘧啶	胞嘧啶	胞嘧啶
17	绿原酸	绿原酸	绿原酸	绿原酸
18	1-咖啡酰奎宁酸	1-咖啡酰奎宁酸	1-咖啡酰奎宁酸	1-咖啡酰奎宁酸

序号	未发酵苹果汁	酵母菌发酵苹果酵素	植物乳杆菌发酵苹果酵素	混菌发酵苹果酵素
19	隐绿原酸	隐绿原酸	隐绿原酸	隐绿原酸
20	青蒿酸	青蒿酸	青蒿酸	青蒿酸
21	莪术烯醇	莪术烯醇	莪术烯醇	莪术烯醇
22	壬二酸	壬二酸	壬二酸	壬二酸
23	阿魏酸乙酯	阿魏酸乙酯	阿魏酸乙酯	阿魏酸乙酯
24	金丝桃苷	金丝桃苷	金丝桃苷	金丝桃苷
25	异槲皮苷	异槲皮苷	异槲皮苷	异槲皮苷
26	杨梅苷	杨梅苷	杨梅苷	杨梅苷
27	右旋奎宁酸	右旋奎宁酸	右旋奎宁酸	右旋奎宁酸
28	紫苏烯	紫苏烯	紫苏烯	紫苏烯
29	2-金刚烷酮	2-金刚烷酮	2-金刚烷酮	2-金刚烷酮
30	7-羟基香豆素	7-羟基香豆素	7-羟基香豆素	7-羟基香豆素
31	尼泊金异丁酯	尼泊金异丁酯	尼泊金异丁酯	尼泊金异丁酯
32	山奈酚-7-O-β-D-葡萄糖苷	山奈酚-7-O-β-D-葡萄糖苷	山奈酚-7-O-β-D-葡萄糖苷	山奈酚-7-O-β-D-葡萄糖苷
33	棉籽糖	儿茶精	儿茶精	儿茶精
34	恩贝酸	(+)-儿茶素	(+)-儿茶素	(+)-儿茶素
35	桑黄素	表儿茶素	表儿茶素	表儿茶素
36	槲皮素		棉籽糖	棉籽糖
37	草质素		恩贝酸	恩贝酸
38	4-甲氧基苯乙酸		桑黄素	槲皮素
39			槲皮素	桑黄素
40			草质素	草质素
41				4-甲氧基苯乙酸
42				根皮苷
43				三叶苷

第四节　抗氧化研究

本节研究从 ABTS 自由基清除能力、羟自由基清除能力、DPPH 自由基清除能力、超氧阴离子含量、植物总酚含量、总黄酮含量 6 个方面研究未发酵苹果汁、酵母菌发酵苹果酵素、植物乳杆菌发酵苹果酵素、混菌发酵苹果酵素的抗氧化能力。结果见图 7-15。

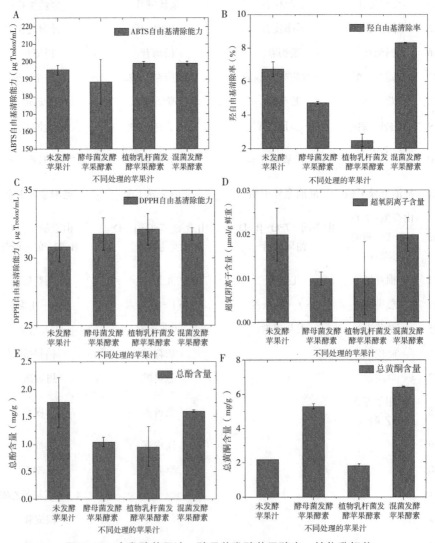

图 7-15　未发酵苹果汁、酵母菌发酵苹果酵素、植物乳杆菌
发酵苹果酵素和混菌发酵苹果酵素的抗氧化能力

　　未发酵苹果汁、酵母菌发酵苹果酵素、植物乳杆菌发酵苹果酵素和混菌发酵苹果酵素的抗氧化能力探究如图 7-15A 所示。ABTS 自由基清除能力在 4 种不同样品中，混菌发酵苹果酵素清除能力最高，达到 198.66 μg Trolox/mL，植物乳杆菌发酵苹果酵素、未发酵苹果汁次之，酵母菌发酵苹果酵素 ABTS 自由基清除能力最低。但四者之间的差异较小。

　　如图 7-15B、图 7-15D 所示，羟自由基清除率与超氧阴离子的含量在 4 种样液中的高低顺序相同，依次为混菌发酵苹果酵素、未发酵苹果汁、酵母菌发酵苹果酵素、植物乳杆菌发酵苹果酵素。但羟自由基清除率最高仅为 8.31%。

　　如图 7-15C 所示，DPPH 自由基清除能力在 4 种样液中由高到低的顺序依次为植物乳杆菌发酵苹果酵素、酵母菌发酵苹果酵素、混菌发酵苹果酵素、未发酵苹果汁，但四者直接差异很小。

　　如图 7-15E 所示，植物总酚含量在 4 种样液中由高到低的顺序依次为未发酵苹果汁、混菌发酵苹果酵素、酵母菌发酵苹果酵素、植物乳杆菌发酵苹果酵素，其中未发酵苹果汁与混菌发酵苹果酵素之间差异较小，酵母菌发酵苹果酵素与植物乳杆菌发酵苹果之间差异较小，而未发酵苹果汁、混菌发酵苹果酵素与酵母菌发酵苹果酵素、植物乳杆菌发酵苹果酵素之间差异较大。

　　如图 7-15F 所示，总黄酮含量在 4 种样液中由高到低的顺序依次为混菌发酵苹果酵素、酵母菌发酵苹果酵素、未发酵苹果汁、植物乳杆菌发酵苹果酵素。未发酵苹果汁与植物乳杆菌发酵苹果酵素差异较小，酵母菌发酵苹果酵素与混菌发酵苹果酵素差异较小，而未发酵苹果汁、植物乳杆菌发酵苹果酵素与酵母菌发酵苹果酵素、混菌发酵苹果酵素之间差异较大。

　　综上所述，从 ABTS 自由基清除能力、羟自由基清除率、DPPH 自由基清除能力、超氧阴离子含量、植物总酚含量、总黄酮含量 6 个方面考察未发酵的苹果汁、酵母菌发酵苹果酵素、植物乳杆菌发酵苹果酵素、混菌发酵苹果酵素 4 种样液的抗氧化能力，其中混菌发酵苹果酵素的抗氧化能力较其他 3 种苹果汁普遍偏高，未发酵苹果汁的抗氧化能力与混菌发酵苹果酵素之间普遍相近。酵母菌发酵苹果酵素与植物乳杆菌发酵苹果酵素与其他两种相比，多数偏低。由此可知，单菌发酵后的苹果汁抗氧化能力偏低，通过混菌发酵可以提高其抗氧化能力。

第五节　本章小结

　　以苹果为原料，添加菌种进行发酵，考察苹果酵素的发酵时间、发酵温度、菌种接种量、碳源添加量和料液比对苹果酵素的总酸及 SOD 活性的影响，并进行正交实验，筛选出酵母菌发酵苹果酵素与植物乳杆菌发酵苹果酵素的最优工艺条件。进一步考察两菌的接种顺序、接种时间、总发酵时间对混菌发酵苹果酵素的影响，得出最优的混菌发酵苹果酵素的工艺条件。采用电子鼻、气质联用与液质联用分析未发酵苹果汁、酵母菌发酵苹果酵素、植物乳杆菌发酵苹果酵素与混菌发酵苹果酵素的组成成分，探究 4 种样液之间的不同之处。通过考察未发酵苹果汁、酵母菌发酵苹果酵素、植物乳杆菌发酵苹果酵素与混菌发酵苹果酵素 4 种样液的羟自由基、DPPH 自由基、ABTS 自由基、过氧化物歧化酶的清除能力以及超氧阴离子、总酚、总黄酮的含量来验证苹果酵素的抗氧化能力。

第八章

石榴皮渣（籽）膳食纤维制备技术与标准研究

第一节　石榴皮渣（籽）资源及其现状

一、石榴皮渣（籽）资源现状

石榴，又名安石榴、丹若、金庞等，属于石榴科石榴属，原产于伊朗等国家，2 000多年前的汉朝通过丝绸之路传入我国，并开始在我国北方种植。目前，石榴在我国种植比较广泛，已经形成了8个主要种植和生产地区，其中包括豫鲁皖苏地区、陕晋地区、金沙江中游地区、滇南地区、三江地区、三峡地区、太湖地区和新疆地区。截至2014年，我国已成为世界上最大的石榴种植国家，种植面积达12万hm^2，年产量达120万t。石榴是一种集生态价值、经济价值、社会价值、观赏价值和保健价值于一身的水果，果实中含有丰富的营养成分（糖类、维生素、矿物质元素和蛋白质等）和活性成分（多酚类、黄酮类、生物碱类等），具有延缓衰老、预防心脏病和心血管疾病、对抗癌症、抗突变、调节免疫系统和降低"三高"等重要的保健功能和药理作用，所以石榴素有"天下奇果，九州名果"之称。

石榴可食部分占果实的15%~40%。除大部分用于鲜食外，石榴还主要用于加工石榴果汁、石榴果酒、石榴果醋、石榴果浆等产品。有资料显示，我国现有石榴加工企业20多个，每年用于加工的新鲜石榴已经超过10万t。在石榴加工过程，会产生大量的石榴副产物。据测算统计，1 t石榴可以榨出322~341 L的石榴汁，同时也会产生大约669 kg的副产物，石榴副产物可占到总重的2/3。

近年来，尽管一些加工企业开始重视石榴加工副产物的综合利用，但是绝大多数企业出于技术和成本的考虑，仍将大量副产物当作动物饲料、燃料等处理，甚至直接当作垃圾进行废弃处理。这些不恰当的处理不仅会造成严重的资源浪费，而且还会导致对产区和加工企业周边环境的严重污染，国内石榴副产物综合利用形成的附加值极低。目前，关于石榴副产物综合利用的研究主要集中在石榴皮多酚物质和石榴籽油的提取，而其他活性成分却没有得到足够的重视和利用，如果能够充分利用石榴皮渣（籽）[Pomegranate marcs（seed），PMs]资源，使副产物变废为宝，不仅可以解决资源浪费和环境污染问题，而且可以开发绿色健康的保健品，对石榴产业特别是石榴加工产业的资源高效利用和绿色环保发展具有重大意义。

二、石榴皮渣（籽）基本成分研究

石榴加工副产物是石榴榨汁后的剩余物，主要包括石榴皮、石榴瓤、石榴籽等，这些副产物中，石榴皮和石榴瓤大约占78%，石榴籽占22%。石榴副产物中含有丰富的蛋白质、脂肪、纤维素、游离氨基酸、可溶性糖、多酚类物质、黄酮类物质、槲皮素、生物碱等营养与功能性成分，这些物质是综合利用石榴副产物的物质基础。研究表明，石榴籽中的粗蛋白和粗纤维含量均比石榴皮中的含量高，而石榴皮中的可溶性糖和游离氨基酸含量比石榴籽中的含量高，石榴皮中的功能性成分含量均高于石榴籽。通过建立高效液相指纹图谱对石榴皮、石榴瓤和石榴籽中的化学成分进行比较，结果表明，石榴皮和石榴瓤中营养成分没有明显差异，只是含量存在差距，而石榴籽与另外两部分成分差异较大。

石榴副产物还含有丰富的多酚、黄酮、苹果酸、生物碱、多糖等活性成分，其中多酚是含量最多的一种成分，主要包括绿原酸、安石榴苷、鞣花酸、没食子酸、儿茶素、表儿茶素等。石榴籽中主要含有脂肪酸，包括石榴酸、亚麻酸、亚油酸、棕榈酸、α-桐酸、β-桐酸等，其中96%为不饱和脂肪酸，含量最多的为石榴酸。此外，石榴籽中还含有雌甾三醇、胆甾醇、磷脂、豆甾醇等甾类激素。这些活性成分存在为石榴副产物的高效利用和功能成分提取创造了物质基础及先决条件。

三、石榴皮渣（籽）综合利用现状

目前，关于PMs的综合利用和开发主要围绕化学成分提取与应用，这不仅有利于解决环境污染和资源浪费等问题，而且能够提升副产物的附加值，延伸石榴生产加工的产业链。

（一）多酚类物质的提取与应用

PMs 多酚类物质是石榴中多羟基酚类化合物的总称。在石榴加工形成的各种副产物中，石榴皮中的多酚类物质含量最高，其次是石榴瓤和石榴籽。近年来的研究表明，PMs 多酚具有抗氧化衰老、预防和治疗多种癌症与糖尿病、抗突变、降低三高及润肤美白等多种药理作用，所以 PMs 是一种很好的多酚类物质来源。目前，多酚的提取方法主要有溶剂提取法、超声／微波辅助提取法、超临界萃取法等，其中后两种方法提取效果更好。采用响应面优化超声辅助提取石榴皮中的多酚，结果表明，按照 44：1 的液料比加入 59% 的乙醇溶液在 80℃ 的条件下提取 25 min，总多酚提取量可以达到 149.12 mg/g，此时，鞣花酸、没食子酸、安石榴林和安石榴苷的含量也均较高。优化的乙醇提取石榴渣中多酚条件为：乙醇浓度 41%，液料比 20：1，提取温度 62℃，提取时间 3.5 h，在此条件下，多酚得率为 4.88 mg GAE/g，而且能够有效地清除 DPPH 自由基。

PMs 中的多酚类物质加入到葵花油、小麦面包、饼干、乳类产品和肉类产品等食品中，可以提高食品抗氧化活性、营养价值和货架期，石榴皮中多酚类物质添加到酸奶中，可以提高酸奶感官品质，同时还能抑制酸奶储藏过程中的后酸化作用。研究还证实石榴皮提取物具有良好的杀菌作用，可以用于污水处理，解决环境问题，既经济又环保。

（二）油脂的提取与应用

PMs 中的油脂大部分存在于石榴籽中，籽油中含有大量的石榴酸，是唯一来源于植物的多不饱和共轭脂肪酸，素有"超级共轭亚油酸"之称。研究表明，石榴籽油中还含有抗氧化活性成分，具有预防和治疗各种癌症、抗动脉粥样硬化、预防肠道损伤和骨质疏松、调节免疫功能等作用。目前，石榴籽油的提取方法主要有压榨法、溶剂提取法、超临界二氧化碳萃取法、超声／微波辅助提取法、水酶法等，其中后面几种方法的出油率均高于压榨法，而且水酶法所得石榴籽油品质最好。采用响应面优化超临界二氧化碳萃取石榴籽油，发现在最优条件下，最大出油率达到了 15.63%。

石榴籽油的抗氧化功能作用为其在保健食品、医疗用品和化妆品等方面奠定了良好的基础。研究发现，石榴籽油对皮肤具有长效保湿、增加弹性、美白抗皱等作用，所以可以将其应用于化妆品中，还发现石榴籽油具有光泽度高、附着力强、透明、耐酸碱等优点，可以用做印刷、涂料、油漆等的加工原料。另外，石榴籽油中含有大量的不饱和脂肪酸和其他活性物质，所以可以用作具有保健功能的食用油或者添加到其他药品、保健品中，来满足人们日益增长的营养和保健需求。

（三）多糖的提取与应用

多糖是 PMs 中重要的一类营养物质，具有抗氧化、抗糖化、抑制酪氨酸酶活性、抗癌、调节免疫系统等重要功效。采用微波辅助聚乙二醇 400 提取石榴皮中的多糖，并使用高速逆流色谱法分离纯化多糖，在最优条件下多糖的提取率为 7.94%，比以水为溶剂提取多糖的提取率提高了约 25%。研究发现，传统的热水浸提法和新型的超声辅助提取法相比，在最优试验条件下，石榴籽多糖的得率相差无几，分别为 26.51 mg/g 和 26.58 mg/g。多糖是一种重要的可溶性膳食纤维，能够调节胃肠道健康，可以作为辅料用于饮料、焙烤食品等方面，也可以开发成保健品。

（四）黄酮类物质的提取与应用

PMs 中含有大量的黄酮类物质，以 3,5- 二葡萄糖苷为主，但目前对其研究较少。黄酮类物质在抗氧化、预防心脑血管疾病、提高免疫力、调节内分泌系统等方面具有相当重要的作用。优化石榴皮总黄酮的最佳提取工艺，黄酮的提取率可以达到 22.56%，对 DPPH 自由基的清除率可以达到 80.59%，IC50 为 31.59 mg/mL。采用超声和微波双辅助提取酸石榴籽中的总黄酮，提取量最大可达到 14.77 mg/g。PMs 黄酮类物质可以应用于食品添加剂和保健品中，黄酮类物质的有效提取既能提高石榴副产物的附加值、提高效益，又能保护环境。

（五）天然色素的提取与应用

石榴皮渣中含有大量的天然色素，含量最多的成分是多酚，这些色素不仅赋予石榴艳丽的色泽，而且具有一定的抗氧化活性。以水为溶剂提取石榴皮中的色素，研究表明，当 pH 值为 8~9，温度为 60℃时，浸提 30 min，此时提取率为 4.5%。研究探讨了色素用于真丝织物染色的最佳工艺，结果发现在最优条件下石榴色素不仅具有良好的染色效果，而且还可以增重。天然色素由于具有无毒害、无污染、降解性良好等诸多优点，所以在纺织印染等行业中日益受到重视，此外还可以用作食品色素，可以保证食品的营养安全，从而保障消费者的健康。

近年来，随着石榴副产物的高效利用和功能成分研究的不断深入与技术手段的进步，PMs 的综合利用特别是围绕石榴皮中活性物质和石榴籽油的提取与技术应用取得一定的研究成果。但是，这些研究成果目前大部分还没有实现从实验室到工厂的转化或技术转移。石榴加工企业形成的副产物利用率还有待大幅度提高，甚至从产业角度来讲尚未完成零的突破。因此，我国作为石榴全球生产的第一大国，PMs 的综合利用仍然是一个亟须解决的重大问题。

第二节 膳食纤维的研究进展

一、膳食纤维的概念与分类

膳食纤维（Dietary Fiber，DF）最早是由澳大利亚人 Hipsley 提出的，当时他指出 DF 包括半纤维素、纤维素和木质素。之后，DF 的概念随着其分析测定方法的变化、营养生理价值和其在食品工业中的应用等不断发生着变化，目前国际上对膳食纤维还没有统一的定义。2009 年，国际食品法典委员会（CAC）将 DF 定义为不能被人体小肠内的酶类消化吸收的低聚糖（由 3～9 个单体组成）和碳水化合物多聚物（包括来源于食物的以及通过物理、化学、生物和联合方法得到的具有健康生理作用的可食用碳水化合物多聚物），这一定义中包含了低聚糖、抗性淀粉和麦芽糊精。

根据溶解性，DF 被分为可溶性膳食纤维（Soluble Dietary Fiber，SDF）和不溶性膳食纤维（Insoluble Dietary Fiber，IDF）。SDF 包括果胶、半纤维素、树胶、低聚糖等，具有调节糖类脂肪代谢、吸附水分和阳离子等多种功能；IDF 包括纤维素、木质素和部分半纤维素等，具有促进胃肠蠕动、预防结肠癌等多种功效。二者的含量比例对于 DF 的功能有着重要的影响，同时二者也发挥着不同的功能作用。此外，有学者提出根据来源，DF 可以分为植物膳食纤维、动物膳食纤维、微生物膳食纤维和合成膳食纤维，不同来源的膳食纤维在组成、结构、性质等方面存在一定的差异。

二、膳食纤维的理化性质

研究表明，DF 的理化性质影响膳食纤维的功能作用和加工特性，主要包括水合性质、吸附性质、阳离子交换性质、抗氧化性质等。

（一）水合性质

DF 的结构中含有很多的亲水性基团，所以具有较强的水合性质，包括持水力、膨胀力和结合水力，这些性质和 DF 的 pH 值、温度、孔隙度、粒度、离子强度和纤维应力等环境因素与化学结构有着密切的联系。DF 能够吸收数倍于自身质量的水分，这不仅有利于增加饱腹感，减少能量摄入，而且有利于增加粪便的体积，加速粪便从肠道内排出，能够预防和治疗肥胖、便秘等症状，这与 Buttriss 等研究一致，他们发现具有高膨胀力的 DF 有助于控制饮食中的能量平衡，通过影响饱腹感进而有利于控制体重。高水合性质的 DF 应用于食品中，尤其是焙烤食品中，能够很好地避免脱水收缩作用现象的发生，有利于保持水分，防止焙烤食品出现干裂，也有助于食品保持一定的黏度、质地和外观结构。

（二）吸附性质

DF 具有一定的空间网状结构，能够吸附滞留部分化学成分，从而减少吸收。DF 可以可逆地吸附葡萄糖和脂肪，降低浓度，调节血糖血脂平衡，可以用于糖尿病患者的饮食中；DF 能够很好地吸附胆汁酸、胆固醇和硝基等，降低浓度，抑制吸收，从而发挥预防癌症、胆结石、高血压等疾病的作用；DF 还能够吸附重金属离子，如镍、铜、铅等离子，使这些离子能够随粪便排出体外，保证机体健康。

（三）阳离子交换性质

DF 中含有羧基、羟基等侧链基团，能够可逆地与阳离子进行交换，因而可以发挥一定的阳离子交换树脂的作用。通过 DF 的交换作用，机体可以减少对离子的吸收，还能够改变机体消化道等器官中瞬间离子浓度，调节 pH 值、电位等，提高环境的缓冲度，有益于营养物质的消化吸收。

（四）抗氧化性质

DF 可以吸附多酚、黄酮等一些功能活性成分，从而使其具有一定的抗氧化活性，能够很好地清除 DPPH、羟基和超氧阴离子等自由基。具有良好抗氧化活性的 DF 可以用作添加剂，加入富含油脂的产品中，增强抗氧化能力，稳定产品性质，延长保存期。研究发现，改性前后脱脂 DF 均具有一定的抗氧化能力，但是改性后抗氧化能力明显提高，这主要是由于经过超高压改性后果胶及阿拉伯糖、木聚糖等的含量增加，有利于与多酚类物质的结合，而且这些 SDF 本身也具有抗氧化活性。具有良好抗氧化活性的 DF 在食品、保健品等的开发中更具优势，将会受到更多的关注。

三、膳食纤维的功能性质

近年来，随着生活水平的提高，人们对膳食结构的平衡日益重视，DF 作为"第七大营养素"备受关注。由于特殊的组成结构和理化性质，DF 具有重要的生理功能，对人体健康的意义非常重要。DF 的生理功能具体有以下几种。

（一）调节胃肠道功能

DF 对胃肠道的作用主要是通过控制营养物质的消化吸收和调节肠道菌群数量种类来实现。其中，SDF 具有良好的持水力，能够被肠道菌群酵解，产生丁酸等短链脂肪酸，它们不仅能使肠道 pH 值降低，对肠黏膜起到刺激作用，而且还能抑制癌变细胞增殖，同时酵解过程中产生的气体更有利于粪便的排出。采用低剂量、中剂量和高剂量的红枣 DF 灌胃小鼠，通过收集、培养和观察小鼠新鲜粪便，发现红枣 DF 对小鼠小肠推进率具有提高作用，对肠道菌群具有调节作用，从而可以预防和治疗小鼠的便秘。通过观察小鼠的体重、排便速度和时间、肠道菌群等在饲喂香菇 DF 复合食品后的变化，显示添加复合食品能够增加肠道内乳杆菌和双歧杆菌的数量，缩短首次排便时间，增加排便量，有利于改善便秘。利用小鼠模型来评价香蕉 IDF 的润肠通便作用，结果表明，饲喂适当剂量的香蕉 IDF 对促进小肠蠕动、提高排便速度等具有重要的作用，而且还能影响小鼠粪便中的含水量。

（二）降低血糖功能

近年来，由于饮食结构和生活方式的改变等多种原因，糖尿病已经成为国内一种十分普遍的慢性疾病，严重威胁着人们的健康和生活，研究表明，DF 对于调节血糖平衡具有重要的作用。目前，还不能明确 DF 的降糖机理，但存在两种假说，一是 DF 通过增加饱腹感，延长胃排空时间，降低小肠对糖类物质的消化吸收等进而影响糖代谢；二是 DF 可以双向调控体内胰岛素水平，防止分泌过量或者分泌不足。研究了小米糠 DF 对小鼠空腹血糖和糖耐量的影响，实验表明饲喂 45 d 后，每个剂量组的空腹血糖值均降低，但在一定剂量范围内，DF 作用更加明显，说明 DF 对血糖具有显著的调节作用。以复方海藻 DF 为原料，以糖尿病小鼠为模型，研究降血糖作用。研究结果显示海藻 DF 在降低糖尿病老鼠体内血糖含量、修复受损胰岛 β 细胞等方面具有显著作用。

（三）降低血脂功能

高脂血症容易引发肥胖、动脉粥样硬化、冠心病、心脑血管疾病等多种疾病，严重影响人们的健康。研究表明，DF 能够预防高脂血症，其作用机制主要是摄入足够的 DF 能够促进胆固醇转化为胆汁酸，减少胆固醇含量。有学者发现 DF 还可以通过调节脂肪酸氧化酶的活性来控制其氧化，从而降低血液中甘油三酯的含量。研究发现苹果渣 DF 能够减少秀丽线虫体内的甘油三酯含量，而且在试验范围内与使用剂量呈正相关。用葡萄 DF、燕麦 β - 葡聚糖和番茄 DF 分别添加到高脂饲料中喂养大鼠，结果发现试验中大鼠的体重、甘油三酯含量等指标均没有明显的变化，说明这 3 种 DF 能预防大鼠血脂水平的升高。

（四）预防和治疗癌症功能

流行病学和动物实验研究表明，DF 在抗癌方面具有相当重要的作用。DF可以通过吸附作用和促进排便等加速有毒有害物质从体内排出；从分子水平上看，它可以阻滞癌细胞周期和加速癌细胞凋亡，同时还可以调控癌变信号通路，从而发挥预防和治疗各种癌症（包括食道癌、结肠癌、乳腺癌、肺癌等）的作用。运用小鼠模型评价甘薯 DF 预防由二甲基肼引发的结直肠癌的作用，试验结果表明高剂量组小鼠血清中超氧化物歧化酶含量增加，结直肠黏膜腺体增生降低，从而预防结直肠癌的发生。采用多因素 meta 回归分析乳腺癌患者，结果表明 DF 的摄入量与乳腺癌的发生有着密切联系，饮食中摄入适量的 DF，能够降低乳腺癌发生的风险。

（五）预防和治疗其他疾病

DF 除了具有上述生理功能外，还可以预防和治疗其他疾病。流行病学中，通过对特定人群的长期跟踪研究发现，饮食中摄入大量 DF 的人群，冠心病的发病率明显低于其他人，同时也会降低脑卒中发生的概率，所以 DF对于降低心脑血管疾病的发病率具有意义重大。DF 可以通过控制食物的摄入量、调节肠道内钠离子和钾离子之间的比例、调节血糖血脂平衡，进而预防高血压的发生。此外，DF 还具有预防胆结石、增强机体免疫力等其他功能。

四、膳食纤维的提取方法研究现状

目前，DF 的提取方法均可分为物理方法、化学方法、生物方法和联合方法，这些方法各有优缺点，在试验中都有一定的运用。

（一）物理方法

物理提取方法主要包括加热、微波提取、超声提取以及新型的膜分离技术等。使用直接煮沸的方法提取橘子皮中的果胶，为了提高果胶产量，煮沸时间超过了 2 h，但是过长的加热时间导致了多糖的降解。同时，试验还发现在 120℃、不同 pH 值条件下，超声加热 15 min，在 pH 最低时获得最大产量的 DF。在提取花生壳中的 SDF 时使用 PS-30 聚砜超滤膜，在最优条件下，得率可以到达 67.56%。

（二）化学方法

化学提取方法广泛应用于 DF 的提取，主要包括酸法、碱法和其他溶剂提取，其主要缺点是强酸、强碱、高温等化学处理会对 DF 的一些理化性质造成破坏。利用碱法提取橘皮渣中的 IDF，试验中最佳提取工艺条件为：氢氧化钠浓度为 0.25 mol/L，提取温度 50℃，提取时间 1 h，液料比为 15∶1，在此条件下产率为 65.98%。比较了酸法、碱法和酸碱混合方法提取鹰嘴豆 IDF 的工艺，结果表明，在每种方法的最优条件下，酸法得到 DF 产率最高，但产品色泽较差，膨胀性差，而碱法得到的产品品质恰好相反，酸碱混合方法得到的 DF 性质介于两者之间。

（三）生物方法

物理方法和化学方法虽然提取效率高，但是反应条件比较苛刻，近年来生物方法使用较多，主要包括酶法和发酵法。利用纤维素酶和碱性蛋白酶水解菜籽饼提取果胶，在混合酶比例为 1∶4 时，果胶得率为 6.85%。利用乳酸菌发酵提取柑橘皮渣中 DF，最佳提取条件为 pH 值 4.7，质量比为 1∶1 的保加利亚乳杆菌和嗜热链球菌接种量为 5.6%，处理温度为 34℃，处理时间为 32 h，此时 DF 提取率最高。纤维素酶辅助提取大蒜中的多糖，提取时间 80 min，温度为 45℃，在 pH 值为 5 的条件下，多糖提取率到达 35.34%。

（四）联合方法

单一提取方法均存在缺点，混合不同的方法能够最大限度地保证 DF 的提取率和品质。联合方法包括化学—物理、物理—生物、生物—化学或者三者的结合方法。利用响应面法优化化学法 - 酶法混合提取麦麸 DF，最优工艺条件为：酶使用量为 1.5%，酶解时间为 45 min，碱液使用量为 4%，碱液处理时间为 35 min，此时 DF 得率为 87.84%。使用超声辅助酶法提取河蚬中的多糖并用响应面优化提取工艺，最佳提取工艺为：超声温度62℃，超声功率300 W，超声时间32 min，液料比35∶1，提取率36.8%，试验表明，超声辅助酶法比单纯酶法提取效率明显提高，而且所得DF分子量低、具有较高的超氧自由基清除能力。

五、膳食纤维的改性方法研究现状

DF具有良好的理化性质和重要的生理学功能，所以其提取与改性研究备受关注。SDF和IDF的比例对其功能作用的发挥能够产生显著性影响，SDF含量≥10%被称为理想膳食纤维，可以用作食品添加剂。然而，试验中提取的膳食纤维中的组成比例一般都不能满足上述要求，所以需要改性来提高SDF的含量。改性是通过一定的方法断裂糖苷键，疏松网状结构，从而促使IDF转化为SDF，改善理化性质，更好地发挥生理功能。目前，DF的改性方法可分为物理方法、化学方法、生物方法和联合方法。

（一）物理方法

物理改性方法是利用物理机械作用（如超微粉碎、挤压蒸煮、超高压等）使IDF发生破碎、降解，以期增加水溶性成分。利用高温改性莲蓬IDF，在最优改性条件下，SDF含量可以到达4.33%，改性后的水合性质、吸附性质以及在挂面和酥性饼干中的应用均得到明显改善。方竹笋DF经过微波和微粉碎改性后理化性质的变化，结果表明，微波改性处理对DF的水合性质和抗氧化性质均有改善作用，而微粉碎处理可以增强其抗氧化作用。使用超微粉碎和双螺杆挤压对刺梨果渣DF进行改性，试验表明，挤压能显著增加SDF的含量，两种处理方法均可以提高膨胀力和吸附性，提高了溶解性，但持水力有所降低，改善了生理功能。

（二）化学方法

化学改性通过酸、碱和其他溶剂的作用使得SDF含量增加。张情亚等利用碱法改性生姜IDF，在最优条件下，IDF持水力提高，SDF得率升高，碱法改性明显改善了DF的性质。通过红外光谱分析和扫描电镜分析，发现经过化学改性对竹笋膳食纤维的理化性质和功能作用均得到了改善。使用碱性过氧化氢改性苹果渣DF，最佳工艺条件为：pH值11.3，过氧化氢浓度1%，反应温度80℃，反应时间1 h，在此条件下改性DF的得率可以达到76%，SDF的含量达到30.20%。

（三）生物方法

生物改性方法主要包括酶法改性和微生物发酵法改性。其中，酶法改性是指利用纤维素酶等酶类使大分子成分发生酶解，形成可溶性的小分子成分；发酵法是指利用微生物在培养生长过程中产生的酶类或者其他物质使膳食纤维的组成、结构和性质发生变化。利用纤维素酶、木聚糖酶改性米糠膳食纤维，结果表明，在酶的作用下，不仅 SDF 含量分别增加了 3.80 倍、4.70 倍，而且 DF 的结构和功能特性也得到了改善。用枯草芽孢杆菌 BF7658 改性绿豆粉 DF，在液料比为 10∶1、细菌量为 11%、发酵时间为 24 h、发酵温度为 34℃的条件下，SDF 的含量为 10.08%，增加了 9.30%。

（四）联合方法

DF 改性的各种方法中，各有千秋，为了避免单一方法的缺陷，综合不同方法的优点，也为了提高改性效率，大幅度提高 SDF 的含量和品质，现在多采用联合方法。利用高静水压－酶联合的方法改性脱脂孜然 DF，经过改性后的 DF 水合性质、吸附性质等均得到改善，可以作为添加剂用于功能性食品中。Tu 等改性豆粕 DF，研究发现微生物发酵改性可以使 SDF 的含量增加到 15%，但微生物发酵－微流化联合改性可以将 SDF 含量提高到 35%，而且表现出更高的生理活性。采用超声－微波联合的方法改性经过特定条件下进行气爆预处理的小米糠 DF，最佳改性条件为：液料比 50∶1，微波功率 535 W，微波－超声联合处理时间 57 min。在此条件下 SDF 含量可以达到 10.84%。

六、膳食纤维的应用现状

DF 具有良好的理化性质（持水性、持油性、凝胶性等），近年来日益受到重视，在美国、日本、法国等很多欧美国家，已经被用作添加剂和营养强化剂，广泛地应用在食品加工中。膳食纤维添加到食品中，可以改善食品的质构、风味等品质特性。目前，DF 主要应用于面粉制品、肉类制品、乳类制品、饮料等多种食品中。

（一）面粉制品

面粉在生产过程中，大量的精细加工造成了营养物质的损失，DF 的添加可以丰富其中的营养，保证人们对于营养的追求。DF 主要应用于面包、饼干、面条和馒头制作过程中。将富含 DF 的香蕉粉添加到面条中，改善了面条的营养价值和感官特性，更易于消费者接受。DF 加入比萨中，不仅可以提高比萨的风味，还可以将 18℃下的储藏期延长至 60 d。采用碱法 – 酶结合的方法提取大豆皮中 IDF，在对其进行改性处理后用于面包的加工制作，发现在最优条件下，面包具有较好的口感和一定的保健功能，测定的多个理化指标也符合国家标准。在制作曲奇饼干时加入柑橘皮 IDF，利用实验中探索的最佳配方得到的曲奇饼干具有完整的外观、良好的色泽、酥脆细腻的口感，更易于消费者接受。

（二）肉类制品

肉类制品是现代人们餐桌上必不可少的食物，可以提供人体所必需的蛋白质、维生素、矿物质和多种必需微量元素，但是其中缺乏 DF，所以人们尝试将 DF 添加到肉类制品中，以期提高产品质量和改善加工特性。研究发现，在午餐肉中添加适量的柠檬 DF，对午餐肉的影响不显著，但是可以明显提高抗氧化特性，而且还能降低亚硝酸盐的残留量。通过正交实验得到了麦麸 DF 添加到乳化型香肠中的最佳条件，并发现 DF 的添加可以明显改善香肠的口感、色泽等感官品质和营养品质。猪肉中添加适量的小麦 DF，可以改善肌原纤维蛋白的乳化性，提高蛋白的保水性和凝胶硬度，降低蛋白的弹性，改良了猪肉的风味，同时 DF 可以用作脂肪替代品，从而减少机体摄入热量。

（三）乳类制品

目前，DF 在乳类制品中的应用研究主要集中在酸奶中。酸奶中加入 DF，可以提高营养价值，添加量直接影响酸奶的口感、流变性、浓度等。制备蓝靛果酒渣 DF 酸奶的最佳工艺条件为：果渣添加量 1%，白砂糖用量 8%，脱脂奶粉用量 1%，发酵时间 7 h。此酸奶与普通酸奶相比，质构、乳清析出率等没有明显的变化，但是抗氧化能力（清除 DPPH 自由基、超氧阴离子自由基）和总还原能力均明显改善。山羊奶富含多种营养成分，除了食用鲜奶外，还用于加工酸奶，但是羊乳酸奶的稳定性比较差。将富含 DF 的可可脂果肉加入羊奶中，发现能够明显提高羊奶的稳定性、质地和营养特性。

（四）其他食品

为了提高饮料的营养价值，满足人们的营养需求，从 20 世纪 70 年代开始，西方国家就已经开始研究 DF 在饮料中的应用，而我国从 20 世纪 90 年代末才开始研究。发现在胡萝卜饮料中添加适量的米糠 DF（不高于 8%），可以明显调高饮料的综合品质。将麦麸 DF、悬浮剂和风味剂等原料搅拌、混合，制备了新型固体饮料，该饮料脂肪含量较低。此外，DF 还可用于冰激凌、口嚼片、糖果等食品中。

七、石榴皮渣（籽）中的膳食纤维

目前，关于石榴中 DF 的研究很少。通过比较 12 个不同品种石榴副产物中的 DF 含量及组成，DF 含量为 33%～62%，含量相当丰富，而且 IDF 和 SDF 含量比例接近 1，具有较好的持水力和持油力（范围分别为 2.31～3.53 mL/g 和 2.80～4.05 mL/g），可以作为 DF 的天然来源。以陕西石榴果肉渣为原料，采用碱法提取 DF，最佳提取条件为：温度 100℃，液料比 5：1，NaOH 浓度 5%。此时 DF 的得率为 30.88%，持水力和膨胀力高达 8.70 g/g 和 15.50 mL/g。比较了柠檬、葡萄、石榴、柑橘类和油莎豆 5 种植物的 DF 组成和理化性质，结果发现，石榴 IDF/SDF 接近 1，还具有非常好的胆固醇吸收能力，这为石榴 DF 的开发利用奠定了良好的基础。利用石榴皮、橄榄叶和洋蓟叶膳食纤维开发了 3 种海藻酸微型球，并通过体外试验证实了石榴皮 DF 海藻酸微型球具有良好的抗氧化能力，高于商用富含 DF 产品、大麦 DF 和燕麦 DF。综上可见，PMs 中含有丰富的 DF，而且持水力、持油力、乳化稳定性等理化性质和抗氧化活性、吸附胆固醇等功能性质良好，所以将其开发利用具有重要的价值。

第三节 超声提取石榴皮渣（籽）膳食纤维

通过提取 PMs DF，为 PMs 的高效综合利用提供技术支持；通过改性来提高 SDF 的含量、改善其理化特性和结构特征，为其在食品中的开发利用奠定基础；通过研究改性前后 DF 的降脂功能，以期为解释膳食纤维降脂功能提供理论依据。

一、超声提取对石榴皮渣（籽）膳食纤维含量的影响

1. 液料比的影响

液料比是影响提取率的一个重要因素。如图 8-1 所示，在前期提取过程中，随着液料比的增加，TDF（总膳食纤维）含量减少，当液料比超过 30：1 时，含量开始增加，之后又开始减少。在提取过程中，适当的液料比能在细胞内外形成较大的浓度差，有利于 DF 的溶出，但是过高的液料比会阻碍 DF

的溶出，而过低的液料比不利于溶出。所以，正如图中所示，在试验范围内，液料比为 35：1，提取效果最好。

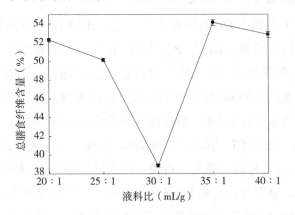

图 8-1　液料比对石榴皮渣（籽）膳食纤维含量的影响

2. 超声温度对石榴皮渣（籽）膳食纤维含量的影响

如图 8-2 所示，TDF 含量随着温度的升高而增加，在 50℃时 TDF 含量达到峰值，随之下降。在一定温度范围内，高温会加速粒子的运动速度，加速 DF 溶出，从而增加 TDF 含量。但是在试验中，过高的温度会破坏 DF 的结构，使 TDF 含量下降。因此，在试验范围内，50℃被视为最佳提取温度。

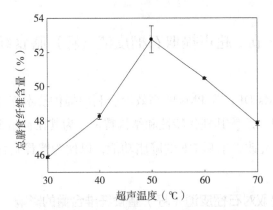

图 8-2　超声温度对石榴皮渣（籽）膳食纤维含量的影响

3. 超声时间对石榴皮渣（籽）膳食纤维含量的影响

PMs 中 DF 含量受多个因素的影响，图 8-3 显示了超声时间对 TDF 含量的影响。在超声处理前 10 min，TDF 含量以线性方式增加，当时间从 10 min 延长至 20 min，TDF 含量未发生显著变化。在一定的超声处理时间内，液体可以渗透到材料中，有利于 DF 溶出；但过度的超声处理，会引起 DF 降解。因此，在后续试验中，选择 10 min 为最佳提取时间。

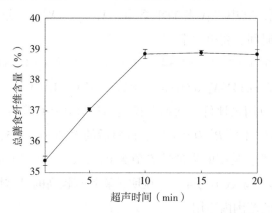

图 8-3 超声时间对石榴皮渣（籽）膳食纤维含量的影响

4. 超声功率对石榴皮渣（籽）膳食纤维含量的影响

已有研究表明，TDF 含量会受超声功率的影响。从图 8-4 可以看出，当超声功率从 400 W 提升到 500 W 时，TDF 含量增加，之后增加超声功率，TDF 含量缓慢下降。这是由于超声处理会产生空化和机械作用，使 DF 溶出，适当的超声处理有利于 TDF 含量增加，但是过高功率的超声处理会降解 DF，使 TDF 含量下降。因此，在试验范围内，500 W 为最佳提取功率。

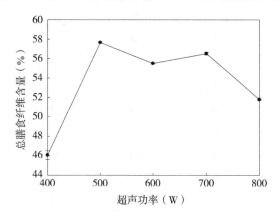

图 8-4 超声功率对石榴皮渣（籽）膳食纤维含量的影响

二、响应面优化提取石榴皮渣（籽）膳食纤维的最佳工艺

（一）统计分析和模型拟合

采用四因素三水平的 Box-Behnken 设计，优化石榴皮渣（籽）膳食纤维

的提取工艺。表 8-1 显示了试验组合和结果，从表中可以看出，TDF 含量从 47.62% 变化到 59.92%。下面的二次多项式方程是由 Design Expert 8.05b 的多元回归分析得到，其中 Y 代表 TDF 含量，X_1、X_2、X_3、X_4 分别代表液料比、超声温度、超声时间、超声功率。

$$Y=58.11+2.66X_1+0.31X_2-1.34X_3+1.37X_4+1.17X_1X_2-1.26X_1X_3+0.38X_1X_4-0.40X_2X_3+0.25X_2X_4+0.34X_3X_4-6.60X_{12}-9.78X_{22}-9.43X_{32}-4.18X_{42}$$

方差分析可以用来评价二次回归模型的显著性和可靠性。表 8-2 中，模型 P 值低（<0.000 1）、R^2 为 0.9577、调整后的 R^2 为 0.915 5，这说明模型具有相当高的显著性。模型的失拟性 P 值为 0.092 2（>0.05）证明了模型的可靠性。$C.V.\%$（变异系数）为 4.32，说明试验具有较高的可靠性和准确性。因此，该模型在试验范围内适用。

表 8-1　四因素三水平 Box–Behnken 试验设计与结果

序号	液料比（X_1）	超声温度（X_2，℃）	超声时间（X_3，min）	超声功率（X_4，W）	总膳食纤维含量（Y，%）
1	0	0	−1	−1	46.68 ± 1.05
2	0	0	1	−1	42.71 ± 0.68
3	0	0	−1	1	47.43 ± 0.45
4	0	0	1	1	44.81 ± 0.92
5	−1	−1	0	0	40.21 ± 0.57
6	−1	1	0	0	41.17 ± 0.45
7	1	−1	0	0	41.77 ± 0.98
8	1	1	0	0	47.39 ± 0.24
9	−1	0	−1	0	39.00 ± 0.92
10	−1	0	1	0	36.54 ± 0.14
11	1	0	−1	0	48.31 ± 0.77
12	1	0	1	0	40.81 ± 0.64
13	0	−1	0	−1	42.67 ± 0.64
14	0	−1	0	1	45.21 ± 1.03
15	0	1	0	−1	40.78 ± 0.24
16	0	1	0	1	44.31 ± 0.63
17	0	−1	−1	0	39.22 ± 0.82

续表

序号	液料比 (X_1)	超声温度 (X_2, ℃)	超声时间 (X_3, min)	超声功率 (X_4, W)	总膳食纤维含量 (Y, %)
18	0	−1	1	0	38.67 ± 0.76
19	0	1	−1	0	38.37 ± 0.98
20	0	1	1	0	39.43 ± 0.82
21	−1	0	0	−1	43.21 ± 0.45
22	−1	0	0	1	46.20 ± 1.72
23	1	0	0	−1	47.73 ± 0.26
24	1	0	0	1	52.23 ± 0.33
25	0	0	0	0	57.79 ± 0.29
26	0	0	0	0	56.05 ± 0.49
27	0	0	0	0	57.80 ± 0.66
28	0	0	0	0	59.92 ± 0.56
29	0	0	0	0	59.01 ± 1.17

表 8-2 中，可以评估各因素的显著性，P 值越低，对应因素的显著性越大。可以看出，X_1、X_3、X_4 和 X_{12}、X_{22}、X_{32}、X_{42} 对 TDF 含量影响显著，而其他因素不显著。根据相关系数的大小，可以发现影响 TDF 含量因素的顺序为：液料比＞超声功率＞超声时间＞超声温度。

表 8-2 膳食纤维含量的响应面二次模型方差分析

方差来源	平方和	自由度	均方	F 值	P 值	显著性
Model	1 239.77	14	88.55	22.67	＜0.000 1	**
X_1	84.85	1	84.85	21.72	0.000 4	**
X_2	1.14	1	1.14	0.29	0.597 4	NS
X_3	21.44	1	21.44	5.49	0.034 4	*
X_4	22.44	1	22.44	5.74	0.031 1	*
$X_1 X_2$	5.43	1	5.43	1.39	0.258 1	NS
$X_1 X_3$	6.35	1	6.35	1.63	0.223 1	NS
$X_1 X_4$	0.57	1	0.57	0.15	0.708 2	NS
$X_2 X_3$	0.65	1	0.65	0.17	0.69	NS

续表

方差来源	平方和	自由度	均方	F 值	P 值	显著性
$X_2 X_4$	0.25	1	0.25	0.063	0.805 9	NS
$X_3 X_4$	0.46	1	0.46	0.12	0.737 8	NS
X_1^2	282.97	1	282.97	72.44	<0.000 1	**
X_2^2	619.94	1	619.94	158.69	<0.000 1	**
X_3^2	576.65	1	576.65	147.61	<0.000 1	**
X_4^2	113.33	1	113.33	29.01	<0.000 1	**
残差	54.69	14	3.91			
失拟性	46.16	10	4.62	2.17	0.237 5	NS
纯误差	8.53	4	2.13			
总差	1 294.46	28				
R^2	0.957 7					
Adj R^2	0.915 5					
$C.V.\%$	4.32					

注：X_1. 液料比；X_2. 超声温度；X_3. 超声时间；X_4. 超声功率；$C.V.\%$. 变异系数；NS. 无显著性作用，$p>0.05$；*. 显著，$p<0.05$；**. 极显著，$p<0.01$。

（二）响应面分析

为了表示独立变量和相关变量之间的关系（彩图 14），绘制了三维响应曲面图。由此可以确定，当其他独立变量水平固定为零保持不变时，另外两个变量的变化如何影响因变量。根据轮廓的形状可以确定相应的变量之间的交互作用，其中一个圆圈表示交互作用不显著，而一个椭圆表示交互作用显著。从图 8-1 中可以看到，当液料比从 30∶1 提高到 38∶1 时，TDF 含量增加了，然后随着液料比的增加而减少。这表明，当液料比高于某个值时，提取液可能会被稀释，导致反应速度降低，从而引起 TDF 含量减少。在 40～55 ℃，TDF 的含量随着温度的升高而增加，然后在高于 55 ℃的温度下 TDF 含量缓慢下降。随着时间的推移，TDF 含量在 5～11 min 内增加，然后慢慢下降。

当超声功率从 400 W 升到 550 W 时，TDF 的含量会显著增加，然后随着功率的提高而下降。超声处理诱导的空化、热和机械转移，可加速表面组织的破坏和粒子间的扩散。然而，过度的超声处理可能会导致膳食纤维的破坏和降解。

（三）优化和验证

根据 Design Expert 8.0.5b 的分析，最佳提取条件如下，液料比为 36.1∶1，超声温度为 50.29℃，超声时间为 9.59 min，超声功率为 517.08 W。在此条件下，TDF 的含量达到了 58.58%。然而，考虑实际操作，提取条件被调整为液料比为 36∶1，超声温度为 50℃，超声时间为 10 min，超声功率为 500 W，在调整后的条件下，TDF 含量达到了 58.99±0.17%。预测结果与实际结果没有显著的差异，证实了模型的可靠性，可以预测提取过程。

第四节　碱法改性石榴皮渣（籽）膳食纤维

为了探究 NaOH 浓度对 SDF 得率的影响，固定液料比为 40∶1，改性时间为 60 min，改性温度为 40℃，NaOH 浓度分别为 0.6%、0.8%、1%、1.2% 和 1.4% 进行试验；为了探究液料比对 SDF 得率的影响，固定 NaOH 浓度为 1%，改性时间为 60 min，改性温度为 40℃，液料比分别为 20∶1、30∶1、40∶1、50∶1 和 60∶1 进行试验；为了探究改性时间对 SDF 得率的影响，固定 NaOH 浓度为 1%，液料比为 40∶1，改性温度为 40℃，时间分别为 10 min、30 min、60 min、90 min 和 120 min 进行试验；为了探究改性温度对 SDF 得率的影响，固定 NaOH 浓度为 1%，液料比为 40∶1，改性时间为 60 min，温度为 20℃、40℃、60℃、80℃ 和 100℃ 进行试验。

一、NaOH 浓度对 SDF 得率的影响

由图 8-5 可知，碱液浓度对 SDF 的得率具有显著的影响。当 NaOH 浓度从 0.6% 提高到 1% 时，SDF 的得率明显上升，而且当浓度达到 1% 时，SDF 得率达到最大；继续增加溶液浓度，SDF 得率虽有上升的趋势，但趋势低于浓度为 1%。NaOH 溶液浓度对 SDF 得率的影响主要是由于较低的 NaOH 浓度有利于 IDF 水解产生 SDF，但是 NaOH 溶液浓度过高时，纤维素和半纤维素会发生剥皮反应产生异变糖酸钠，过多的异变糖酸钠会阻止 IDF 转化为 SDF，所以当浓度超过 1% 时，SDF 得率有所下降，而且 NaOH 浓度过高，不仅会影响过滤，也会造成环境污染，综合考虑 SDF 得率、操作条件和环境问题，选择 NaOH 浓度为 1% 为试验范围内的最优浓度。

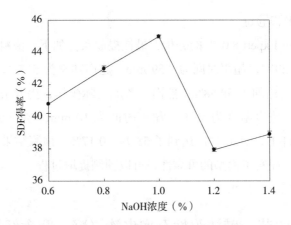

图 8-5　NaOH 浓度对可溶性膳食纤维得率的影响

二、液料比对 SDF 得率的影响

液料比是改性工艺中重要的影响因素，对改性效果具有一定的影响。从图 8-6 中可以看出，当液料比从 20∶1 提高到 40∶1 时，SDF 得率直线上升，继续增加液料比，得率有所下降，在液料比为 40∶1 时，SDF 得率到达最大。在 NaOH 改性过程中，SDF 的溶出与 EDF 细胞内外的浓度差密切相关，液料比过低不利于改性的进行；液料比过高起到稀释作用，降低改性反应速率，也可能会增加其他物质的溶出；适当范围的液料比能够促进 SDF 的溶出，从而提高得率。所以，在后续试验中选择液料比 40∶1 为试验范围内的最优液料比。

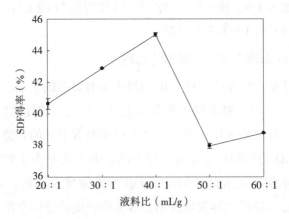

图 8-6　液料比对可溶性膳食纤维得率的影响

三、改性时间对 SDF 得率的影响

从图 8-7 可以看出，在 NaOH 处理时间为 20～120 min 内，SDF 得率先

增加后减少。当改性时间从 20 min 延长到 60 min 的过程中，SDF 得率明显增加；继续延长处理时间，得率反而下降。原因可能是：SDF 的主要成分是果胶，包括原果胶和果胶酸两种物质，其中前者的溶解性较差，处理时间过短时不利于其溶解，适当的处理时间能够使两种成分充分溶解，从而增加 SDF 得率；但是改性时间过长，果胶等 SDF 会发生裂解，产生更小分子的物质，不利于醇沉的进行，使 SDF 得率明显下降。所以，改性处理需要在适当的时间范围内进行，本试验选择 60 min 为试验最优处理时间。

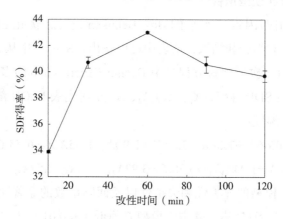

图 8-7　改性时间对可溶性膳食纤维得率的影响

四、氢氧化钠溶液改性温度对 SDF 得率的影响

从图 8-8 可以看出，改性温度对 SDF 得率具有显著的影响。当温度从 20℃提高到 40℃的过程中，SDF 得率上升；温度从 40℃变化到 80℃，得率开始缓慢下降；超过 80℃，得率迅速下降。原因可能是：当在温度提高到

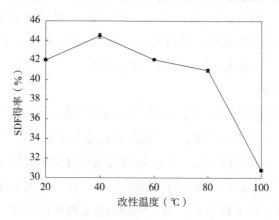

图 8-8　改性温度对可溶性膳食纤维得率的影响

40℃的过程中，水分子和其他分子的运动加剧，有利于 SDF 的溶出，从而使提取率增大；当温度超过 40℃时，耐热性较差的 SDF 组分会发生降解形成单糖、双糖或低聚糖，较高的温度也会促进其他物质的溶出，制约了 SDF 的得率，造成 SDF 得率下降。所以，在后续试验中，选择 40℃为试验范围内的最优改性温度。

五、响应面优化改性 EDF 的最佳工艺

1. 统计分析和模型拟合

本试验采用四因素三水平的 Box-Behnken 设计，优化 EDF 改性条件。表 8-3 显示了试验组合和结果，从表中可以看出，SDF 得率从 24.88% 变化到 74.02%。下面的二次多项式方程是由 Design Expert 8.05b 的多元回归分析得到，其中 Y 代表 SDF 得率，X_1、X_2、X_3、X_4 分别代表 NaOH 浓度、液料比、改性时间和改性温度：

$$Y=59.35+10.66X_1+7.86X_2-3.55X_3+1.90X_4-1.55X_1X_2-6.73X_1X_3+9.13X_1X_3-0.063X_2X_3-8.10X_2X_4-1.94X_3X_4-13.58X_{12}-3.92X_{22}-3.20X_{32}-2.57X_{42}$$

响应面回归模型的显著性和失拟性以及回归系数的显著性可以用方差分析（ANOVA）来验证。表 8-4 中，模型 P 值低（<0.01）、R^2 为 0.865 8、Adj R^2 为 0.731 6，说明该模型具有较高的显著性和可靠性。模型的失拟性 P 值为 0.295 7（>0.05）再次证明了模型的可靠性。$C.V.\%$（变异系数）为 13.89，说明试验具有较高的可靠性和准确性。因此，该模型在试验范围内适用，可以用来预测氢氧化钠溶液改性石榴皮渣（籽）膳食纤维。

表 8-4 中，可以评估因素的显著性，P 值越低，相应因素对 SDF 得率影响的显著性越大。因此，X_1、X_2、X_1X_4、X_2X_4 和 X_{12} 对 SDF 得率影响显著，而其他因素不显著。根据相关系数的大小，可以发现影响 SDF 得率因素的顺序为：NaOH 浓度＞液料比＞改性时间＞改性温度。

2. 响应面分析

为了更加清楚地说明独立变量和相关变量之间的关系（彩图 15），绘制了三维响应曲面图。由此可以确定，当其他独立变量水平固定为零保持不变时，另外两个变量如何影响因变量。根据轮廓的形状可以确定相应的变量之间的交互作用，其中一个圆圈表示交互作用不显著，而一个椭圆则表示交互作用显著。表 8-4 的方差分析结果表明，NaOH 浓度和改性温度、液料比和改性

温度的交互作用对 SDF 得率的影响显著（$P<0.05$），其响应面分别见彩图 15 中 C 和 E。从 C 中可以看出，改性温度对 SDF 得率影响不显著，NaOH 浓度对 SDF 得率影响极显著，不同改性温度下 SDF 得率均随 NaOH 浓度增加呈现先增加后减少的趋势，这是由于 DF 的改性需要适当的 NaOH 浓度环境，在此条件下有利于 IDF 向 SDF 转化，但是过高的 NaOH 浓度会使 SDF 的部分组分发生剥皮反应。从 E 中可以看出，液料比与改性温度的交互作用对 SDF 得率的影响显著，当液料比为 35∶1 时，SDF 得率随处理温度的升高而增加；当液料比为 45∶1 时，SDF 得率随改性温度的升高而降低。这可能是由于液料比为 35∶1 时，溶剂量合适，有利于 SDF 的溶出，过高的液料比起到稀释作用，降低改性反应速率，也可能会增加其他物质的溶出，从而降低 SDF 得率。A、B 分别为改性温度为 45℃时，NaOH 浓度与液料比、NaOH 浓度与改性温度的交互作用对 SDF 得率影响的响应面图；D、F 分别为改性时间为 60 min 时，液料比与改性温度、改性温度与改性时间的交互作用对 SDF 得率影响的响应面图，这四组交互作用对 SDF 得率的影响均不显著。

表 8-3　四因素三水平 Box-Behnken 试验设计与结果

序号	NaOH 浓度（X_1, %）	液料比（X_2）	改性时间（X_3, min）	改性温度（X_4, ℃）	SDF 得率（Y, %）
1	-1	-1	0	0	24.88 ± 0.60
2	1	-1	0	0	53.23 ± 0.37
3	-1	1	0	0	33.36 ± 0.32
4	1	1	0	0	57.13 ± 0.23
5	0	0	-1	-1	47.38 ± 0.95
6	0	0	1	-1	52.44 ± 0.13
7	0	0	-1	1	59.21 ± 0.03
8	0	0	1	1	56.49 ± 0.36
9	-1	0	0	-1	48.10 ± 0.45
10	1	0	0	-1	44.56 ± 0.85
11	-1	0	0	1	27.85 ± 0.62
12	1	0	0	1	60.85 ± 0.23
13	0	-1	-1	0	46.33 ± 0.13

序号	NaOH 浓度 (X_1, %)	液料比 (X_2)	改性时间 (X_3, min)	改性温度 (X_4, ℃)	SDF 得率 (Y, %)
14	0	1	−1	0	74.02 ± 0.77
15	0	−1	1	0	34.84 ± 0.21
16	0	1	1	0	62.28 ± 0.29
17	−1	0	−1	0	27.22 ± 0.57
18	1	0	−1	0	63.88 ± 0.15
19	−1	0	1	0	29.82 ± 0.38
20	1	0	1	0	39.55 ± 0.20
21	0	−1	0	−1	32.90 ± 0.77
22	0	1	0	−1	62.49 ± 0.57
23	0	−1	0	1	54.51 ± 0.51
24	0	1	0	1	51.71 ± 0.59
25	0	0	0	0	50.49 ± 0.17
26	0	0	0	0	58.38 ± 0.40
27	0	0	0	0	61.77 ± 0.96
28	0	0	0	0	61.12 ± 0.61
29	0	0	0	0	64.99 ± 0.82

表 8-4　可溶性膳食纤维得率的响应面二次模型方差分析

方差来源	平方和	自由度	均方	F 值	P 值	显著性
回归模型	4 308.43	14	307.75	6.45	0.000 6	**
X_1	1 364.69	1	1 364.69	28.61	0.000 1	**
X_2	741.04	1	741.04	15.53	0.001 5	*
X_3	151.37	1	151.37	3.17	0.096 5	NS
X_4	43.13	1	43.13	0.90	0.357 8	NS
$X_1 X_2$	5.24	1	5.24	0.11	0.745 1	NS
$X_1 X_3$	181.31	1	181.31	3.80	0.071 5	NS
$X_1 X_4$	333.79	1	333.79	7.00	0.019 2	*

方差来源	平方和	自由度	均方	F 值	P 值	显著性
X_2X_3	0.02	1	0.02	0.0003	0.985 8	NS
X_2X_4	262.28	1	262.28	5.50	0.034 3	*
X_3X_4	15.13	1	15.13	0.32	0.582 2	NS
X_{12}	1 196.36	1	1 196.36	25.08	0.000 2	**
X_{22}	99.91	1	99.91	2.09	0.169 9	NS
X_{32}	66.51	1	66.51	1.39	0.257 4	NS
X_{42}	42.95	1	42.95	0.90	0.358 7	NS
残差	667.82	14	47.70			
失拟性	547.58	10	54.76	1.82	0.295 7	NS
纯误差	120.24	4	30.06			
总差	4 976.25	28				
R^2	0.865 8					
Adj R^2	0.731 6					
$C.V.\%$	13.89					

注：X_1. NaOH 浓度；X_2. 液料比；X_3. 改性时间；X_4. 改性温度；$C.V.\%$. 变异系数；NS. 无显著性作用，$p>0.05$；*. 显著，$p<0.05$；**. 极显著，$p<0.01$。

3. 优化和验证

根据 Design Expert 8.0.5b 的分析，最佳改性条件如下：NaOH 浓度 1.5%，液料比 38.5∶1，改性时间 45.01 min，改性温度 45℃，在此条件下，SDF 的得率达到了 74.02%。然而，考虑实际操作，改性条件被调整为 NaOH 浓度 1.5%，液料比 38∶1，处理时间 45 min，处理温度 45℃，在调整后的条件下，SDF 得率达到了（73.58±0.17）%。预测结果与实际结果没有显著的差异，证实了模型的可靠性，可以预测改性过程。高山等采用碱法改性莜麦麸皮 IDF，试验结果表明，在 pH 值为 14、碱处理温度为 90℃、碱处理时间为 120 min、液料比为 60∶1 的条件下改性，SDF 得率达到了 51.17%。张情亚等利用碱法改性生姜不溶性膳食纤维，在碱液浓度 6 g/100 mL、液料比 40∶1、处理温度 60℃和处理时间 60 min 的条件下，SDF 得率 42.10%。对比说明氢氧化钠适用于 EDF 改性，而且 SDF 得率也比较高。

第五节　石榴皮渣（籽）、提取膳食纤维和
改性膳食纤维组成和性质的比较

一、基本成分分析比较

PMs、EDF 和 MDF 的化学成分组成如表 8-5 所示。在 DF 的提取和改性过程中，由于酶和氢氧化钠溶液的作用，对脂肪和蛋白质具有降解作用，所以 EDF 和 MDF 中脂肪和蛋白质含量均比 PMs 中的低。由于提取和改性过程中的清洗，导致了 EDF 和 MDF 中的灰分含量较低；PMs、EDF 和 MDF 三者中灰分含量均较低，能够减少金属离子的吸附，防止食物氧化，有利于它们在食品中的应用。脂肪、蛋白质和灰分含量的降低，是 EDF 和 MDF 得到纯化的原因。

表 8-5　PMs、EDF 和 MDF 化学组成的比较

化学组成	石榴皮渣（籽）（%）	提取膳食纤维（%）	改性膳食纤维（%）
脂肪	$10.57 \pm 3.85a$	$8.67 \pm 1.35a$	$5.49 \pm 0.13a$
蛋白质	$12.25 \pm 0.04a$	$11.07 \pm 0.06b$	$7.56 \pm 0.04c$
灰分	$3.17 \pm 0.06a$	$2.36 \pm 0.05c$	$2.93 \pm 0.03b$
TDF	$47.30 \pm 3.76b$	$59.99 \pm 1.44a$	$65.23 \pm 2.11a$
SDF	$6.10 \pm 0.15b$	$17.28 \pm 2.45a$	$18.90 \pm 1.24a$
IDF	$41.35 \pm 1.34b$	$39.17 \pm 2.52ab$	$45.35 \pm 1.34a$

注：同一列中不同小写字母表示 0.05 水平下差异显著。

EDF 中 TDF 和 SDF 的含量高于 PMs，说明超声提取能够得到高 SDF 含量的 DF。EDF 中 IDF 含量低于 PMs，说明在提取过程中，一部分 IDF 转化为 SDF。MDF 中 TDF 和 SDF 含量比 EDF 中的高，说明利用氢氧化钠改性 DF，有利于大分子物质的降解从而转化为 SDF。PMs、EDF 和 MDF 中 TDF 含量高于其他谷物和水果，如脱脂孜然（33.32 g/100g）、桃子（30.7 g/100g）、橘子（36.9 g/100g）和杧果（28.05 g/100g）。这也正说明 PMs 是良好的天然 DF 来源，试验中所采用的提取和改性方法有利于提高 DF 的纯度。

二、单糖、矿物质和氨基酸组成分析比较

1.单糖组成分析比较

从表 8-6 可以看出，PMs、EDF 和 MDF 的单糖种类基本相同，但是含量不同。其中，葡萄糖、阿拉伯糖和木糖含量的总和超过了单糖总量的 70%，证明了 PMs、EDF 和 MDF 中含有木葡聚糖和阿糖基木聚糖；在所有单糖中，葡萄糖含量最高，说明三者中含有大量的葡聚糖。

表 8-6　PMs、EDF 和 MDF 单糖组成的比较

单糖	石榴皮渣（籽）（mg/g）	提取膳食纤维（mg/g）	改性膳食纤维（mg/g）
鼠李糖	6.52 ± 0.65a	3.08 ± 0.08b	3.00 ± 0.24b
阿拉伯糖	26.00 ± 2.60a	13.33 ± 0.13b	12.02 ± 1.20b
半乳糖	14.38 ± 2.52a	7.21 ± 0.06b	6.49 ± 0.65b
葡萄糖	101.63 ± 17.96a	25.35 ± 0.03b	28.27 ± 1.53b
木糖	12.40 ± 1.00b	14.85 ± 1.09b	28.11 ± 4.23a
甘露糖	4.80 ± 0.85a	3.48 ± 0.08ab	2.78 ± 0.23b
半乳糖醛酸	12.57 ± 2.93a	4.10 ± 0.16b	3.54 ± 0.28b
葡萄糖醛酸	1.01 ± 0.22a	0.41 ± 0.01b	0.53 ± 0.01b

注：同一列中不同小写字母表示 0.05 水平下差异显著。

对比 PMs、EDF 和 MDF 中各单糖含量，发现除木糖外，EDF 和 MDF 中各单糖含量均低于 PMs，这可能是由于在提取过程中的超声处理和改性过程中的碱性处理，有利于样品的分散，使样品变得小而松散，多糖更容易受到攻击发生降解，再加上清洗、过滤、离心等操作会引起单糖的损失进而使其含量下降。此外，半乳糖含量的减少还与超声处理和化学改性导致的果胶降解有关。而木糖含量的增加，且 MDF 中的含量高于 EDF 中的，这说明提取和改性过程中半纤维素（如木葡聚糖等）的含量明显增加，特别是 MDF 中的。单糖含量的变化会影响 DF 的微观结构，进而影响其理化性质（如水合性质）。

2.矿物质元素组成分析比较

矿物质元素是 PMs、EDF 和 MDF 中的主要营养成分之一，常量元素（钾、钙、钠和镁）和必需微量元素（锌、铁、锰、硒、铜和铬）具有重要的营养学和生理学功能，表 8-7 所示的是 PMs、EDF 和 MDF 中的 15 种矿物质

元素。其中，含量较多的几种矿物质元素分别有钾、钙、钠、镁、锌和锰。钾、钙、钠和镁这4种元素在维持机体血液酸碱平衡和调节渗透压具有重要的作用。此外，钾和镁是组成酶类物质的一种主要元素，对于调节机体新陈代谢意义重大；钠可以用来调节心脑血管疾病；钙是构成机体骨骼和牙齿的重要成分，而且对于心肌和心脑血管的保护具有重要意义；锌是构成核酸和蛋白质的主要元素之一，可以促进生长发育、提高机体免疫力等；锰是机体内多种酶类物质作用的必需元素，可以调节机体代谢，预防多种疾病。其他矿物质元素也均在调节机体代谢、预防多种疾病、增强免疫力等方面发挥着重要作用。

表 8-7　PMs、EDF 和 MDF 矿物质元素组成的比较

		石榴皮渣（籽）	提取膳食纤维	改性膳食纤维
常量元素（mg/L）	钾	10 875.66	3 241.84	840.59
	钙	2 187.87	2 948.1	2 512.21
	钠	61.57	1 880.52	37 287.52
	镁	948.09	655.47	720.42
微量元素（μg/L）	锌	16 290.32	18 252.05	17 145.92
	铁	18.97	128.89	185.5
	锰	12 049.78	12 732.69	10 235.34
	硒	22.04	34.97	22.05
	铜	7 895.24	9 525.25	3 084.83
	铬	1 072.96	2 945.18	5 770.41
	钴	55.2	49.31	60.63
	钼	80.63	118.56	34.03
重金属元素（μg/L）	砷	45.54	35.92	41.2
	镉	12.88	11.27	8.5
	铅	164.29	241.06	219.91

在提取和改性过程中都使用了 NaOH 溶液，所以 EDF 和 MDF 中钠元素显著增加，特别是 MDF 中的钠比 EDF 增加了将近 19 倍，所以在添加使用过程中要注意用量；钠的增加引起钾的减少，这可能是因为钠取代钾在 DF 或

者其他物质中的结合。铁含量的增加，可能是由于大分子物质的降解使其从结合部位脱落引起的，说明 EDF 和 MDF 可以考虑开发为一种补血剂。MDF 中的铜比 EDF 中的含量低很多，原因有待进一步考证。其他矿物质元素在提取和改性过程中变化不明显。

3. 氨基酸组成分析比较

氨基酸具有重要的营养价值和呈味作用，可以分为必需氨基酸（Essential Amio Acid，EAC）和非必需氨基酸（Non-essential Amio Acid，NAC），其中 EAC 是指机体不能通过自身代谢合成，必须通过膳食来获取的一类不可缺少氨基酸，主要包括缬氨酸、异亮氨酸、亮氨酸、苯丙氨酸、蛋氨酸、赖氨酸、色氨酸和苏氨酸 8 种。从表 8-8 中可以看出，PMs、EDF 和 MDF 中氨基酸种类齐全，PMs 中氨基酸含量最高为 10.39 %，其次为 MDF 和 EDF。粮农组织和世界卫生组织认为，当蛋白质中的 EAC 在总氨基酸（Total Amio Acid，TAA）中所占比例超过 40%，则其为理想蛋白质。PMs 和 MDF 中的 EAC 比例分别为 29.74% 和 35.11%，而 EDF 则只有 13.04%，所以 PMs 和 MDF 中蛋白质组成较为理想。另外，风味氨基酸的含量与物质的风味有着密切联系，从表 8-8 中可以看出这 3 种样品中含量最多的是门冬氨酸和谷氨酸，这两种氨基酸为鲜味氨基酸，所以 PMs、EDF 和 MDF 以鲜甜滋味为主。

表 8-8　PMs、EDF 和 MDF 氨基酸组成的比较

氨基酸种类		含量（g/100g）		
中文名称	英文名称	石榴皮渣（籽）	提取膳食纤维	改性膳食纤维
门冬氨酸	Asp	0.91 ± 0.11a	1.08 ± 0.04a	0.30 ± 0.05b
苏氨酸	Thr	0.39 ± 0.05a	0.12 ± 0.01b	0.14 ± 0.02b
丝氨酸	Ser	0.52 ± 0.07a	0.09 ± 0.01c	0.17 ± 0.03b
谷氨酰胺	Gln	2.24 ± 0.29a	0.24 ± 0.01c	0.52 ± 0.09b
甘氨酸	Gly	0.83 ± 0.09a	0.08 ± 0.01c	0.33 ± 0.05b
丙氨酸	Ala	0.50 ± 0.06a	0.04 ± 0.01c	0.19 ± 0.03b
半胱氨酸	Cys	0.08 ± 0.01a	0.01 ± 0.01b	0.01 ± 0.00b
缬氨酸	Val	0.50 ± 0.06a	0.03 ± 0.01c	0.20 ± 0.03b
蛋氨酸	Met	0.03 ± 0.01a	0.00 ± 0.00b	0.02 ± 0.00a

续表

氨基酸种类		含量（g/100g）		
中文名称	英文名称	石榴皮渣（籽）	提取膳食纤维	改性膳食纤维
异亮氨酸	Ile	0.43 ± 0.05a	0.02 ± 0.01c	0.16 ± 0.03b
亮氨酸	Leu	0.74 ± 0.09a	0.03 ± 0.01c	0.27 ± 0.04b
酪氨酸	Tyr	0.26 ± 0.03a	0.01 ± 0.00c	0.07 ± 0.01b
苯丙氨酸	Phe	0.45 ± 0.06a	0.02 ± 0.00c	0.17 ± 0.03b
赖氨酸	Lys	0.55 ± 0.05a	0.02 ± 0.00c	0.16 ± 0.03b
组氨酸	His	0.38 ± 0.04a	0.01 ± 0.00c	0.13 ± 0.02b
精氨酸	Arg	1.10 ± 0.16a	0.03 ± 0.00c	0.17 ± 0.03b
脯氨酸	Pro	0.48 ± 0.05a	0.01 ± 0.00c	0.18 ± 0.03b
总氨基酸	Total Amio Acid	10.39	1.84	3.19
E/T	Essential/Total Amio Acid	29.74 %	13.04 %	35.11 %

注：同一列中不同小写字母表示 0.05 水平下差异显著。

从表 8-8 可以看出，EDF 中的总氨基酸含量比 PMs 中低 8.55 g/100 g，特别是蛋氨酸含量极低，说明超声处理对氨基酸的组成和含量有较大的影响，这与 Zhang 等比较碱法和超声 - 碱法提取木瓜皮纤维多糖，发现前者提取的纤维多糖中氨基酸总量高于后者的研究一致。MDF 中的 TAA 含量高于 EDF 中的，可能是改性过程中氢氧化钠的使用有利于蛋白质的分解，从而才产生更多的氨基酸，虽然 MDF 中氨基酸总量比 PMs 中的低，但是 EAC 所占比例却明显提高。

三、持水力、膨胀力和持油力分析比较

WHC（持水力）是指物质在离心或者压缩之后保留各种形式的水（包括结合水、滞留水等）的能力。从表 8-9 可知，PMs 的 WHC 为 3.46 g/g，高于 11 个石榴品种的 WHC（2.28～3.03 g/g），如 Chelfi-2、AMR 和 Mezzi-3。经过提取之后，EDF 的 WHC 的持水力为 4.00 g/g，其能力高于燕麦壳 DF（2.13 g/g）、稻壳 DF（2.58 g/g）和甘蔗渣 DF（3.68 g/g），但是低于橘子 DF（7.3 g/g）和桃 DF（12.1 g/g）的 WHC。MDF 经过改性后，其持水能力也有所提升，但还是低于橘子和桃 DF 的 WHC。高持水力的 DF 可以应用于需要水合作用保持新鲜、黏度和结构的产品中，如焙烤制品和肉类制品。

表 8-9　PMs、EDF 和 MDF 理化性质的比较

理化性质	石榴皮渣（籽）	提取膳食纤维	改性膳食纤维
持水力（g/g）	3.46 ± 0.05b	4.00 ± 0.11ab	4.61 ± 0.40a
膨胀力（mL/g）	0.82 ± 0.02b	3.82 ± 0.15a	3.89 ± 0.02a
持油力（g/g）	1.39 ± 0.08b	2.12 ± 0.11b	3.55 ± 0.65a

注：同一列中不同小写字母表示 0.05 水平下差异显著。

SWC（膨胀力）是指干膳食纤维在溶剂平衡时的体积。EDF 和 MDF 的 SWC 比 PMs 更高，但是 EDF 的 SWC 比燕麦壳（3.56 mL/g）、稻壳（3.27 mL/g）和甘蔗渣（4.53 mL/g）和香蕉假茎 DF（4.98 mL/g）的 SWC 高。食用高 SWC 的 DF 能够增加饱腹感，可以在不牺牲营养的基础上实现减肥。因此，DF 可以作为一种功能性食品。

OHC（持油力）是评价 DF 功能特性的指数，指的是 DF 保留油脂的能力。EDF 和 MDF 的持油力均比 PMs 高，PMs 和 EDF 的 OHC 都低于 12 种石榴 DF 的持油力（2.80～4.05 g/g），如 AMR、Chelfi-2 和 Zehri-3，但是 OHC 高于碱法和超声 - 碱法分别从木瓜皮中提取的 SDF（分别为 1.15 g/g 和 1.40 g/g）。拥有高 OHC 的 DF 可以应用于油炸食品中，因为它可以帮助保持高脂肪食物的稳定。

总的来说，PMs、EDF 和 MDF 的 WHC、SWC 和 OHC 排序均为 MDF＞ EDF＞PMs，说明提取和改性得到的 EDF 和 MDF 的理化性质得到明显改善。

四、堆积密度分析比较

DF 的堆积密度与其表面的疏松程度有关，堆积密度越小，表面结构越疏松，分子之间的空间越明显，比表面积也越大，水合性质、吸附能力和表面活性越强。3 种样品的堆积密度排序为 PMs＞MDF＞EDF，说明经过提取和改性处理后，EDF 和 MDF 表面结构更加松散，粉末粒度变小，分子间空隙加大，可以滞留更多的水分和油脂，这也解释了上文中 EDF 和 MDF 的 WHC、SWC 和 OHC 的提高（表 8-10）。

表 8-10　PMs、EDF 和 MDF 堆积密度的比较

	石榴皮渣（籽）	提取膳食纤维	改性膳食纤维
堆积密度（g/mL）	2.17 ± 0.03a	1.67 ± 0.04c	1.98 ± 0.06b

注：同一行中不同小写字母表示 0.05 水平下差异显著。

五、红外光谱分析比较

红外光谱可以用来分析确定物质的化学组成和基团特性，图 8-9 展示了 PMs、EDF 和 MDF 在 4 000～400 cm^{-1} 的红外光谱图。从图 8-9 中可以看出，3 种样品的红外光谱图走势基本相同。3 340～3 000 cm^{-1} 的波段代表了自由羟基（O-H）的弯曲和拉伸，由于分子间富含氢键，所以波段范围较宽，这主要是由果胶和半纤维素引起的。1 800～1 200 cm^{-1} 的波段是由羧基伸缩振动导致的，主要是由半纤维素中的果胶和甲氧基葡萄糖醛酸引起的。1 200～950 cm^{-1} 的波段被称为碳水化合物的"指纹"区域，因为此段可以识别主要的化学基团。

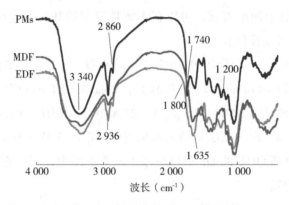

图 8-9 PMs、EDF 和 MDF 的红外光谱图

EDF 和 MDF 在 1 740 cm^{-1} 附近均没有振动，而 PMs 的光谱图中存在振动，此处的波段是由酯化的羧基引起的，说明 EDF 和 MDF 中的果胶是低甲氧基果胶，酯键的破坏是由超声处理和碱性条件酯类物质发生水解产生羧基和羟基，从而增加了亲水性；在 2 936 cm^{-1} 和 2 860 cm^{-1} 附近的波段是由亚甲基的伸缩振动引起的，这是多糖类物质典型的结构特征，EDF 和 MDF 在这两处的波动比 PMs 的小，说明 EDF 和 MDF 中的亚甲基含量减少，说明多糖类物质发生降解形成了小分子物质；1 635 cm^{-1} 附近波段的形成与吸附水有关，EDF 和 MDF 在此处波动剧烈，说明 EDF 和 MDF 的吸水性增强，这也解释了上文 EDF 和 MDF 水合性质上升的原因。

六、热稳定性分析比较

热重分析是通过物质的热分解过程来评价其热稳定性，图 8-10 是 PMs、EDF 和 MDF 的热重图谱。从图 8-10 中可以看出，3 种样品的图谱基本相似，这与图 8-9 中红外光谱图走势相似是一致的。根据降解速率，可以将 3 个样品的分解过程分为 3 段，分别为 0～200℃、200～500℃和 500～600℃。其中，样品在 200℃内质量的减少主要是由结合水在高温过程中的损失引起的。

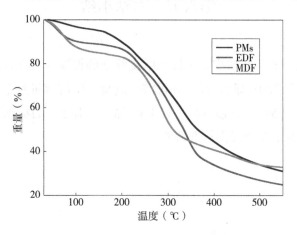

图 8-10　PMs、EDF 和 MDF 的热重图谱

这个阶段内 MDF 的失重量最大，其次为 EDF 和 PMs，说明 MDF 结合的水分更多；在 200～500℃范围内，由于 DF 中的果胶和半纤维素的高温分解导致质量下降率是 3 段中最高的，其中 PMs 质量下降最快，说明其中的大分子多糖类物质含量比较高；500～600℃重量的损失速率是最缓慢的，此段质量减少的原因可能是碳化后焦炭的分解引起的。在食品加工过程中，为了保证 DF 稳定性和优良性能，应该保证加热温度不超过 200℃。

七、超微结构分析比较

为了进一步了解物质的微观结构，可以使用电子扫描电镜（SEM）获取图像。彩图 16 是 PMs、EDF 和 MDF 在 2 000 倍显微镜下的图像，DF 的微观结构（孔隙度和比表面积等）与其吸附、水合等理化性质和其在肠道内的发酵降解密切相关。电镜图像显示，EDF 和 MDF 有较经典的蜂巢结构，而且两者的显微结构比 PMs 更松散，PMs 表面有很多球形或者表面光滑的颗粒，这与 PMs 中含有的淀粉和粗蛋白有关，说明经过提取和改性 DF 的含量明显增加；EDF 和 MDF 经过超声和改性处理后，微观结构显示不规则形状，这可能是纤维的结构发生变化引起的，说明两者中 DF 的含量增加，而 MDF 经过 NaOH 改性处理后，孔隙度有所提高，表面积更大（容易产生毛细管作用，有利于吸附性能的发挥）。PMs、EDF 和 MDF 的微观结构，可以很好地解释水合性质和持油力变化的原因。

第六节　本章小结

本章研究开展了石榴皮渣（籽）膳食纤维的提取与改性方法研究，通过测定提取膳食纤维中总膳食纤维和可溶性膳食纤维的含量判定其纯度，适用于淀粉含量低于 5% 的石榴皮渣（籽）（干渣）。对于以石榴加工废弃物为原料提取膳食纤维的生产提供标准参考。

第九章

柑橘加工废弃物及资源化利用

第一节　柑橘产业现状

我国是世界柑橘生产大国，面积和产量均居世界首位。目前全国柑橘的年产量约 2 200 万 t，其中浙江约为 200 万 t。柑橘生产和加工过程中会产生大量的副产物，主要为皮渣和幼果（包括生理落果和人工疏果），其中，皮渣产量为 1 000 万 t 左右，幼果产量约为 15 万 t，数量非常可观。我国只有少量的幼果用于提取橙皮苷、多甲氧基黄酮等柑橘黄酮或晒干后直接入中药用，少量的果皮可用于提取精油与果胶或作为食品调料及加工陈皮蜜饯，少部分果渣也可作为饲料或者肥料，大量的皮渣和幼果由于所开发产品的深度不够、销量与技术水平的限制而得不到有效的利用，被直接丢弃在果园田间及工厂附近，从而造成了较大的环境污染和资源浪费。

柑橘黄酮具有多种药理活性。浙江从 20 世纪 70 年代开始工业化提取幼果橙皮苷与多甲氧基黄酮，但因橙皮苷溶解性很差（在水中的溶解度仅为 20 mg/L），多甲氧基黄酮粗提物的纯度不高，而影响了其生理功效、减少了其应用范围与市场需求量。另外，我国柑橘粗制精油的质量参差不齐，香气比较单薄，若能投产高倍浓缩柑橘精油，对柑橘粗制油进行精制浓缩，就能极大地改善其赋香性能和稳定性，提高产品市场竞争力与行业利润。纳塔是比较受欢迎的膳食纤维型食品配料，又是目前性能最好的纤维素，在生物医药及特殊材料领域的应用潜力很大；我国的纳塔生产集中在海南，以当地的椰子水为主要原料生产，又称"椰果"，其产量受到原料区域性和季节性的限制。

第二节　柑橘中黄酮提取工艺研究

黄酮类化合物泛指两个苯环通过中央三碳链连结而成的一系列化合物。黄酮类化合物为一类植物色素，分布广，数量大，生物活性温和而且多样。天然黄酮类化合物常以苷类形式（包括氧苷与碳苷）存在，糖通常联在 A 环 6,8 位。常见的黄酮有橙皮苷、儿茶素、表儿茶素、大豆素、银杏黄酮等。常见的黄酮分类见表 9-1。

表 9-1　常见的黄酮及分类

类别	分子式
黄酮类	
黄酮醇类	
二氢黄酮类	
二氢黄酮醇类	

续表

类别	分子式
异黄酮类	
高异黄酮	
查耳酮	
二氢查耳酮	
鱼藤酮类	
紫檀素类	
花色素	

续表

类别	分子式
黄烷 -3- 醇类	
黄烷 -3,4- 二醇类	
橙酮	

柑橘黄酮主要分布于果皮、囊衣和果肉中，根据对新品种柑橘、大田、山地、黄肉型和红肉型等不同品种的对比，我国常见柑橘的黄酮成分见表 9-2。

表 9-2　常见柑橘不同部位黄酮的含量对比　　单位：mg/g·DW

		芸香苷	柚皮苷	橙皮苷	新橙皮苷
果皮	新品种	2.29 ± 0.04	22.62 ± 0.25	1.69 ± 0.03	19.77 ± 0.24
	大田	2.33 ± 0.06	23.17 ± 0.33	1.45 ± 0.03	19.67 ± 0.44
	山地	2.63 ± 0.04	26.24 ± 0.17	2.02 ± 0.01	28.29 ± 0.27
	黄肉型	3.35 ± 0.04	18.96 ± 0.13	1.48 ± 0.03	18.83 ± 0.18
	红肉型	5.7 ± 0.05	52.37 ± 0.3	未检出	未检出
囊衣	新品种	2.58 ± 0.09	18.27 ± 0.38	未检出	11.52 ± 0.26
	大田	4.24 ± 0.06	26.35 ± 0.24	1.32 ± 0.02	13.58 ± 0.09
	山地	4.51 ± 0.03	25.77 ± 0.04	1.44 ± 0.02	13.79 ± 0.06
	黄肉型	3.87 ± 0.02	21.76 ± 0.14	1.39 ± 0.01	12.13 ± 0.07
	红肉型	7.26 ± 0.09	53.53 ± 0.7	未检出	0.88 ± 0.02
果肉	新品种	2.09 ± 0.97	3.97 ± 0.02	0.76 ± 0	2.25 ± 0.01
	大田	2.7 ± 0	4.14 ± 0.01	0.74 ± 0	2.29 ± 0
	山地	2.76 ± 0.04	3.93 ± 0.04	未检出	2.44 ± 0.02
	黄肉型	2.3 ± 0.04	4.4 ± 0.02	0.87 ± 0	4.24 ± 0.01
	红肉型	4.07 ± 0.08	11.12 ± 0.15	0.97 ± 0.01	1.89 ± 0.01

目前黄酮的提取主要分为醇提法、沸水法和碱溶酸沉法。其中碱提取酸沉淀法应用比较普遍，主要原理是：酚羟基与碱成盐，溶于水；加酸后析出。其中碱常用 Ca（OH）$_2$ 或 CaO 水溶液。其优点是可使含酚羟基化合物成盐溶解，另一方面可使含 COOH 的果胶、黏液质、蛋白质等杂质形成沉淀而除去。

第三节 果胶提取技术与标准

果胶一般都以柑橘皮、苹果渣等为原料提取，利用其他植物为原料提取也有一些研究，其他原料包括甜菜渣、南瓜皮、西瓜皮、香蕉皮、豆腐渣、向日葵盘等。我国目前产量在 1 000 t 左右，远远不够国内的需要，需要大量的从国外进口。我国的果胶主要提取自宽皮橘皮，宽皮橘皮果胶含量较低，质量较差。目前我国提取的主要方法有酸化法、碱化法、酶法、氨法。目前对微生物、酶法、微波、草铵酸、逆流连续萃取等提取技术都有一定的研究，实验室研究结果表明都有一定的效果，但是都处于研究初期，是否适宜于工业化生产还需要相关技术的成熟完善和配套设备的改进。

汪海波等以新鲜柑橘皮为原料，采用高速匀浆提取和对残渣进行酸水解再次提取的两步法提取工艺制备匀浆果胶和酸水解果胶产品，并对果胶的脱色和分离方法进行了相关研究。实验结果表明，采用改进工艺提取后柑橘果胶产品总得率比普通一次性酸水解制备工艺明显提高；采用活性炭和聚酰胺为脱色剂进行果胶脱色可以有效提高脱色效果。

我国轻工行业标准《食品添加剂 果胶》（QB 2484—2000）规定如表 9-3 所示。

表 9-3 行业标准对果胶的技术要求

项目		指标	
		高甲氧基	低甲氧基
干燥失重（%）	≤	8	
灰分（%）	≤	5	
盐酸不溶物（%）	≤	1	
pH 值		2.6～3.0	4.5～5.0

项目		指标	
		高甲氧基	低甲氧基
二氧化硫（%）	≤	0.005	
总半乳糖醛酸（%）	≥	65.0	
重金属（以 Pb 计）（mg/kg）	≤	15	
砷（以 As 计）（mg/kg）	≤	2	
铅（mg/kg）	≤	5	

此外我国国家标准《食品安全国家标准　食品添加剂　果胶》（GB 25533—2010）也提出了作为食品添加剂的要求，此标准参照国家标准的要求。对果胶的主要规定如下。

柚子、柠檬、柑橘类水果的内果皮，苹果皮渣和肉渣，或葵花盘可用于提取果胶。

果胶的主要提取工艺为破碎、萃取、提纯、浓缩、喷雾等。

用作食品原料的果胶应符合 GB 25533 的要求。

第四节　提取挥发油

柑橘类果皮的色素层中含有芳香油和色素等，还可从中提取出挥发油。目前，在全世界所用的天然香精油中，柑橘类精油是应用最为广泛的一种，柑橘类果皮精油主要用在食品工艺方面，天然香料加工方面应用也比较广泛，如化妆品和芳香清洁剂等，同时也是非常重要的化工和医学原料。有研究报道，柑橘类果皮精油还具有良好的食品保鲜作用、抑菌作用和抗氧化作用。由此可见，柑橘类果皮有着广泛的应用和开发价值。研究表明，从柑橘类皮中提取挥发油的常用方法有水蒸气蒸馏（SD）法、冷榨法、有机溶剂浸提法等方法。目前关于研究柑橘类精油成分的报道比较多，超临界 CO_2 流体萃取（SFE-CO_2）法提取挥发油有收率高、香味正、提取时间短、生产效率高、没有溶剂污染等优点，具有较强开发利用前景。

挥发油提取宜选择的工艺有冷磨法、同时蒸馏萃取（SDE）法、水蒸馏法、超声波辅助萃取法、微波辅助萃取法、超临界二氧化碳萃取法等。

第五节　本章小结

国外对于柑橘废弃物的综合利用进行了多方面的试验和研究，如提取类胡萝卜素、有机盐，制造酵母等。为了减少柑橘生产中的废料，一些国家提出了将各种果实和果皮一同生产果汁的方法，也提出了果皮发酵处理，制成饴糖、酒精或氨基酸的方法。据报道，葡萄柚、柠檬和其他柑橘果实中带有苦味的那部分废弃副产物可用于作物中发挥拒食作用。柑橘废弃物在提取了香精油、果胶、橙皮苷和其他有用的物质后，仍然有大量的废渣有待利用，如用作肥料和饲料。柑橘废弃物和果皮的综合利用工作潜力很大。例如，我国有许多加工柑橘的罐头厂，在加工过程中，可将废弃物加工成各种产品和副产品，变废为宝。可根据各地区的工业特点和原料来源来综合考虑。研制或扩大果胶和橙皮苷工业化生产，从柑橘废弃物中提取果胶、橙皮苷等，开发成本低廉、经济效益高的提取方式，是实现柑橘产业健康发展的重要技术。

第十章

结论与展望

关于生物质的综合利用是当前国际标准的焦点之一。生物能源是 21 世纪两大环境危机的纽带：生物多样性和气候紧急情况。森林生物质能源有可能为这两种危机提供部分解决方案，但前提是能够可持续地生产和有效利用生物质。为此，欧盟委员会等组织已经制定了生物燃料的可持续性标准，而 ISO 则一直在为固体生物质燃料和生物能源的可持续性制定一整套标准，以支持这一点。国际上在天然生物质资源的利用方面也做了不懈的努力。2002 年，欧盟颁布了马铃薯浓缩蛋白及水解物产品质量标准 "Specifications of coagulated potato proteins and hydrolysates products"。美国已经制定了严格的以氮素指标为基准的食品加工肥水还田指南。荷兰规定，脱蛋白水还需进行厌氧分解杀菌后才作为有机肥水施用。国内有部分淀粉企业借鉴欧洲技术，将马铃薯淀粉分离汁水稀释后喷灌玉米，增产非常明显，5 年后对土壤、地下（表）水等环境监测，没有出现异常。国际标准化组织（ISO）对生物质资源的综合利用主要关注在工业化生产和能源方面，如固体生物燃料的标准、ISO 17225 系列标准，鼓励使用木材残渣。

粮食、果蔬加工废弃物含有丰富的纤维素、半纤维素、植物蛋白，以及膳食纤维、果胶和丰富的天然活性物质。一方面，随着农产品生产集约化程度的提高和农产品加工业的发展，废弃物如不充分利用，将增加生产企业的污染物排放，对环境带来不利影响。另一方面，随着人们对健康生活的追求和生物技术的发展，越来越倾向于从农产品废弃物资源中寻找对人体有益的生物活性物质，替代化学合成产品，保障人类健康，提高生活质量。因此，研究粮食、果蔬废弃物分类及资源化利用技术对保护环境、促进农产品及加工业可持续发展、保障人们身体健康具有重要作用。

以马铃薯、甘薯、苹果、石榴、米糠油、柑橘、木薯等大宗农产品为研究对象，建立马铃薯加工肥水还田、生产饲料、植物酵素、提取果胶、膳食纤维、黄酮类等有效成分的工艺技术方法。从生产技术的可行性、生产效率和速率、生产成本等方面对现有工艺进行优化，建立质量安全控制关键因素和参数。建立技术方法标准，引导我国农业废弃物资源化利用的发展，减少农业生产废弃物排放，提高农产品附加值。

参考文献

白冰瑶，刘新愚，周茜，等，2016.红枣膳食纤维改善小鼠功能性便秘及调节肠道菌群功能［J］.食品科学，37（23）：254-259.

布日古德，娜步其，2014.简述石榴的药用及保健功效［J］.中国民族医药杂志（5）：66-68.

蔡外娇，2008.淫羊藿总黄酮延缓秀丽线虫衰老的实验研究［D］.上海：复旦大学.

蔡魏超，周炳贤，江春立，等，2014.橘皮残渣中水不溶性膳食纤维提取工艺研究［J］.食品工业科技，35（16）：253-256.

曹尚银，谭洪花，刘丽，等，2010.中国石榴栽培历史、生产与科研现状及产业化方向［C］//中国园艺学会石榴分会.中国石榴研究进展（一）：第一届中国园艺学会石榴分会会员代表大会暨首届全国石榴生产与科研研讨会.北京：中国园艺学会.

曾霞娟，刘家鹏，严梅娣，等，2011.膳食纤维对胃肠道作用的研究进展［J］.微量元素与健康研究，28（1）：52-55.

陈芳甜，2012.观赏海棠果抗氧化活性的研究［D］.泰安：山东农业大学.

陈刚，庞敏，默云娟，等，2013.石榴皮提取物在油田水处理中的应用研究［J］.石油与天然气化工，42（1）：83-85.

陈海强，杜冰，梁钻好，等，2015.发酵法对绿豆粉中膳食纤维的改性研究［J］.食品工业科技，36（6）：200-202.

陈居茂，唐孝明，张淑云，等，2012.不同溶剂提取石榴色素的工艺探讨［J］.染整技术，34（3）：27-29.

陈铁晖，袁平，林健，等，2016.甘薯膳食纤维对二甲基肼诱发结直肠癌预防作用的实验研究［J］.中国预防医学杂志（12）：907-911.

陈巍，2008.石榴的化学成分与药理活性［J］.饮料工业，11（3）：4-6.

崔艺燕，田志梅，李贞明，等，2018.木薯及其副产品的营养价值及在动物生产中的应用［J］.中国畜牧兽医，45（8）：2135-2146.

邓干然，郑爽，李国杰，等，2018.木薯叶饲料化利用技术研究进展［J］.饲料工业，39（23）：17-22.

邓小莉，常景玲，吴羽晨，2011.石榴的营养与免疫功能［J］.食品与药品，

13（1）：68-72.

狄志鸿，杨善岩，聂蓉蓉，等，2014.膳食纤维降糖作用及机理研究进展［J］.食品研究与开发，35（20）：138-141.

丁莉莉，彭丽，孔庆军，2014.膳食纤维与糖尿病的研究进展［J］.医学综述，20（7）：1265-1268.

丁莎莎，黄立新，张彩虹，等，2016.膳食纤维的制备、性能测定及改性的研究进展［J］.食品工业科技，27（8）：381-386.

董吉林，朱莹莹，李林，等，2015.燕麦膳食纤维对食源性肥胖小鼠降脂减肥作用研究［J］.中国粮油学报，30（9）：24-29.

杜国强，2017.临潼石榴深加工产业现状及问题对策研究［D］.邯郸：河北工程大学.

费鹏，杨同香，赵胜娟，等，2018.怀山药酵素粉的制备及抗氧化作用［J］.食品与机械，34（8）：203-206，220.

冯巧娟，2017.青贮时间和温度对木薯块根和叶中氢氰酸含量的影响［C］//2017中国草学会年会.2017中国草学会年会论文集.广州：中国草学会.

高庆超，常应九，马蓉，等，2019.黑果枸杞酵素自然发酵过程中微生物群落的动态变化［J］.食品与发酵工业（13）：126-133.

高山，李昊虹，王秀娟，等，2012.莜麦麸皮不溶性膳食纤维碱法改性工艺优化［J］.广东农业科学，39（23）：92-93.

高晓光，冯随，杨涛，等，2016.麦麸膳食纤维对乳化型香肠品质的影响研究［J］.食品工业科技，37（6）：151-154.

耿乙文，2015.过氧化氢法制备改性苹果渣膳食纤维及其降脂功能的研究［D］.北京：中国农业科学院.

郭传琦，2013.石榴籽降糖成分的研究［D］.济南：齐鲁工业大学.

胡琳，2015.添加不同比例木薯副产物对羊全混合日粮饲用品质的影响［C］//中国热带作物学会第九次全国会员代表大会暨2015年学会年会.中国热带作物学会年会论文摘要集.海南：中国热带作物学会.

胡琳，王定发，李韦，等，2016.日粮中添加不同比例木薯茎叶对海南黑山羊生长性能、血清生化指标和养分表观消化率的影响［J］.中国畜牧兽医，43（12）：3193-3199.

胡增丽，孟利峰，2020.我国苹果供给侧问题及对策［J］.果树实用技术与信息（10）：41-43.

黄素雅，钱炳俊，邓云，2016.膳食纤维功能的研究进展［J］.食品工业（1）：

273-277.

黄贤娟, 1988. 干燥方法对消除木薯叶的氰化物的影响 [J]. 畜牧兽医科技 (4): 29-31.

惠李, 2008. 石榴的综合开发与利用研究 [J]. 现代农业科技 (24): 15-18.

冀凤杰, 侯冠彧, 张振文, 等, 2015. 木薯叶的营养价值、抗营养因子及其在生猪生产中的应用 [J]. 热带作物学报, 36 (7): 1355-1360.

贾雪峰, 李标, 张振文, 等, 2016. 木薯叶养蚕的发展现状与展望 [J]. 中国热带农业 (6): 40-45.

姜小苓, 李小军, 李淦, 等, 2017. 响应面法优化麦麸膳食纤维提取条件 [J]. 食品工业科技, 38 (6): 158-162.

康丽君, 寇芳, 沈蒙, 等, 2017. 响应面试验优化小米糠膳食纤维改性工艺及其结构分析 [J]. 食品科学, 38 (2): 240-247.

库尔班江·巴拉提, 赵静, 张小莺, 2016. 石榴皮总黄酮提取工艺及其体外抗氧化活性研究 [J]. 食品研究与开发, 37 (15): 89-95.

雷激, 石秀梅, 李铁志, 2015. 柠檬膳食纤维对午餐肉中亚硝酸盐残留量的影响 [J]. 食品科学, 36 (4): 19-22.

李成忠, 2017. 响应面优化乳酸菌发酵法提取柑橘皮渣膳食纤维工艺 [J]. 食品工业 (7): 38-40.

李道明, 周瑞, 王晓琴, 2012. 我国石榴的研究开发现状及发展展望 [J]. 农产品加工 (10): 110-112.

李凤华, 2015. 石榴籽多糖的提取分离及降糖饮料的初步开发 [D]. 济南: 齐鲁工业大学.

李开绵, 林雄, 黄洁, 等, 1999. 木薯饲用型品种的筛选 [J]. 热带作物学报 (4): 62-70.

李茂, 字学娟, 刁其玉, 等, 2019. 添加单宁酸对木薯叶青贮品质和有氧稳定性的影响 [J]. 草业科学, 36 (6): 1662-1667.

李茂, 字学娟, 刁其玉, 等, 2019. 添加有机酸改善木薯叶青贮品质和营养成分 [J]. 热带作物学报, 40 (7): 1312-1316.

李茂, 字学娟, 胡海超, 等, 2019. 添加葡萄糖对木薯叶青贮品质和营养成分的影响 [J]. 家畜生态学报, 40 (7): 34-37.

李茂, 字学娟, 胡海超, 等, 2018. 添加乙醇对木薯叶青贮品质和营养成分的影响 [J]. 黑龙江畜牧兽医 (24): 147-149.

李茂，字学娟，徐铁山，等，2016. 木薯叶粉对鹅生长性能和血液生理生化指标的影响［J］. 动物营养学报，28（10）：3168-3174.

李梦颖，李建科，于振，等，2013. 石榴多酚的提取、检测和成分分析研究进展［J］. 食品工业科技，34（17）：384-388.

李顺，2017. 总状毛霉和米根霉混合发酵腐乳研究［D］. 合肥：合肥工业大学.

李雪，蔡丹，沈月，等，2019. 微生物来源蛋白酶的研究进展［J］. 食品科技，44（1）：32.

李耀冬，叶静，肖美添，2014. 复方海藻膳食纤维对糖尿病小鼠降血糖作用的研究［J］. 食品工业科技，35（10）：341-345.

李占东，王丁，李皓，2019. 酵素主要功能及其行业展望［J］. 食品工业，40（1）：301.

李仲树，李冠嘉，李冠华，等，2010-12-08. 五行酵素液及其制备方法：101904504A［P］.

刘芳丽，2007. 膳食纤维减肥功效的机理探讨［J］. 食品研究与开发，28（4）：156-159.

刘红开，李放，张亚宏，等，2016. 不同品种蚕豆种皮中膳食纤维的提取工艺优化及其理化特性［J］. 食品科学，37（16）：22-28.

刘敬科，赵巍，张华博，等，2012. 小米糠膳食纤维调节血糖和血脂功能的研究［J］. 湖北农业科学，51（8）：1636-1638.

刘铭. 2014-05-07. 环保酵素及其制备方法：103766691A［P］.

刘楠，孙永，李月欣，等，2015. 膳食纤维的理化性质、生理功能及其应用［J］. 食品安全质量检测学报（10）：3959-3963.

刘齐，卢娜，2009. 嗜酸乳杆菌的研究现状与趋势［J］. 科技创业月刊，22（12）：79-80.

刘倩，段春芳，李月仙，等，2017. 不同叶片采摘量及采摘时间对华南205木薯主要生长性状的影响［J］. 云南农业大学学报（自然科学），32（5）：873-878.

刘倩男，2016. 苹果皮渣菌体蛋白饲料的制备及饲用有效性研究［D］. 北京：中国农业科学院.

刘帅，张肖红，高虹，等，2016. 香菇膳食纤维复合食品改善小鼠肠道功能作用［J］. 中国公共卫生，32（2）：203-205.

刘义军，魏晓奕，王飞，等，2013. 含氰糖苷类作物脱毒技术及其检测方法的研究进展［J］. 食品工业科技，34（12）：357-360.

刘英丽，谢良需，丁立，等，2016. 小麦麸膳食纤维对猪肉肌原纤维蛋白凝胶功能特性的影响［J］. 食品科学，37（19）：15-23.

刘颖平，任勇进，2011. 果浆酶提高苹果残次果出汁率工艺条件优化研究［J］. 商品与质量（S2）：213-214.

刘祖望，王玉梅，2015. 膳食纤维和碳水化合物摄入量与乳腺癌发生风险关联的 meta 分析［J］. 中国卫生统计，32（3）：464-467.

卢寿锋，Iheukwumere F. C.，Ndubuisi E. C.，等，2008. 日粮中添加木薯叶（Manihot esculenta Crantz）对肉仔鸡生长发育、血液化学及产肉量的影响［J］. 饲料与畜牧（1）：57.

罗非君，聂莹，2015. 膳食纤维抗癌作用及其分子机理的研究进展［J］. 食品与生物技术学报，34（12）：1233-1238.

罗群，杨其保，莫现会，等，2017. 蓖麻蚕营养成分的含量测定及食用安全性分析［J］. 广西蚕业，54（1）：30-36.

吕飞杰，张振文，尹道娟，等，2015. 木薯叶乙醇提取物对图丽鱼和罗非鱼生长影响的研究［J］. 中国热带农业（1）：5-8.

吕仁龙，胡海超，李茂，等，2019. 木薯茎叶发酵型全混合日粮的品质与瘤胃降解［J］. 饲料研究，42（3）：5-8.

马寅斐，赵岩，朱风涛，等，2013. 我国石榴产业的现状与发展趋势［J］. 中国果菜（10）：31-33.

马嫄，杨瑞征，孟晓，等，2009. 三种化学法提取鹰嘴豆水不溶性膳食纤维工艺的比较研究［J］. 粮油加工（2）：81-83.

麦紫欣，关东华，林敏霞，等，2011. 膳食纤维降血脂作用及其机制的研究进展［J］. 广东微量元素科学，18（1）：11-16.

满永刚，2017. 超细大豆皮膳食纤维在面包中的应用［J］. 农产品加工（9）：27-31.

孟满，张瑜，林梓，等，2017. 不同物理方法处理刺梨果渣理化性质分析［J］. 食品科学，38（15）：171-177.

牛俊乐，麦馨允，谭伟，2017. 超声波辅助碱法提取蕨菜中水溶性膳食纤维［J］. 农产品加工（上）（4）：17-19.

祁冰洁，赵秀红，孙丽，2017. 溶剂对石榴渣中黄酮的提取及抗氧化活性影响［J］. 沈阳师范大学学报，35（2）：193-197.

屈长青，徐林丽，陆娟，等，2012. 罗勒水提物对秀丽隐杆线虫脂肪沉积的影响［J］. 中国生化药物杂志，33（2）：165-166.

曲佳乐，赵金凤，皮子凤，等，2013. 植物酵素解酒护肝保健功能研究［J］. 食品科技，38（9）：51-55.

曲文娟，2010. 石榴果皮多酚提取及残渣的能源化利用［D］. 镇江：江苏大学.

全国食品工业标准化技术委员会，2008. 食品中总酸的测定：GB/T 12456—2008［S］. 北京：中国标准出版社.

热孜万·吐尔逊，2015. 酸、甜石榴皮、籽总黄酮提取工艺研究［D］. 乌鲁木齐：新疆大学.

任平，阮祥稳，秦涛，等，2005. 石榴资源的开发利用［J］. 食品研究与开发，26（3）：118-120.

任雨离，刘玉凌，何翠，等，2017. 微波和微粉碎改性对方竹笋膳食纤维性能和结构的影响［J］. 食品与发酵工业，43（8）：145-150.

施欢贤，张严磊，宋忠兴，等，2016. 石榴废弃物为资源制备微晶纤维素和及膳食纤维工艺研究［J］. 纤维素科学与技术，24（2）：52-59.

舒旭晨，杜万根，姜东，等，2019. 混菌发酵石斛酵素及其抗氧化活性研究［J］. 徐州工程学院学报（自然科学版），34（2）：63-70.

苏军萍，2020. 制约苹果发展的因素及发展建议［J］. 果树资源学报，1（2）：92-93.

孙海燕，2016. 柑橘皮膳食纤维在曲奇饼干中的应用研究［J］. 保鲜与加工（6）：69-74.

孙杰，韩苗苗，龚超，等，2017. 莲蓬膳食纤维的高温改性及其理化和应用特性研究［J］. 食品工业科技，38（2）：141-145.

唐超，江惠娟，苏二正，2018. 食用酵素的研究进展［J］. 生物加工过程，16（3）：84-90.

唐孝明，黄继红，张淑云，等，2012. 石榴色素用于真丝织物染色的研究［J］. 惠州学院学报，32（3）：58-61.

唐孝明，张淑云，刘文福，2010. 石榴色素提取工艺的研究［J］. 西安工程大学学报（3）：276-278.

汪洪涛，2016. 三种石榴副产物提取液中活性成分的组成和性质研究［J］. 食品科技（1）：175-180.

王迪，王颖，张艳莉，等，2019. 芸豆酵素复合发酵工艺优化［J］. 食品与机械，35（10）：206-209，236.

王定发，陈松笔，周汉林，等，2016. 5种木薯茎叶营养成分比较［J］. 养殖与饲料（6）：48-50.

王惠，李志西，1998.石榴籽油脂肪酸组成及应用研究［J］.中国油脂，23（2）：54-55.

王建成，彭凯乐，郑诗瑶，2016.蓝靛果酒渣抗氧化膳食纤维酸奶的研制及性质分析［J］.食品工业科技，37（23）：227-232.

王娟，汪雨亭，杨公明，2017.香蕉不溶性膳食纤维的理化特性与通便功能研究［J］.食品工业科技，38（2）：337-341.

王丽萍，徐佳，王琪菲，等，2016.以线虫为模型考察中国芦荟提取物的降脂作用［J］.吉林大学学报，54（5）：1181-1185.

王萍，梁娇，李述刚，2017.不同产地石榴营养成分差异研究［J］.食品工业（4）：297-301.

王秋霞，贾美艳，唐荣平，等，2006.石榴籽化学成分及应用研究进展［J］.特产研究，28（1）：53-56.

王世清，于丽娜，杨庆利，等，2012.超滤膜分离纯化花生壳中水溶性膳食纤维［J］.农业工程学报，28（3）：278-282.

王田利，2020.中国苹果供给侧问题在2019年的暴露及应对措施［J］.北方果树（1）：47-49，56.

王卫东，黄昊，秦杰，等，2017.富含植物多酚凝固型酸奶的研制［J］.中国乳品工业，45（8）：53-56.

韦仕静，2018.桑葚酵素发酵工艺及花青素生物转化的研究［D］.广州：华南理工大学.

文亦苒，曹国军，樊江文，等，2009.6种豆科饲用灌木中酚类物质动态变化与体外消化率的关系［J］.草业学报，18（1）：32-38.

吴杰凡，2020.中国苹果出口东盟的国际竞争力研究［D］.广州：广东外语外贸大学.

吴丽萍，朱妞，2013.化学改性对竹笋膳食纤维结构及理化性能的影响［J］.食品工业科技，34（21）：124-126.

吴书洁，陈风莲，张欣悦，等，2020.碎米及其产品的研究进展［J］.现代食品（22）：36-39，42.

夏中生，李启瑶，王建英，等，1993.木薯叶粉作猪饲料的营养价值评定［J］.西南农业学报（1）：91-94.

徐缓，林立铭，王琴飞，等，2016.木薯嫩茎叶饲料化利用品质分析与评价［J］.饲料工业（23）：18-22.

徐立伟，张锐，张良晨，2016.米糠饼粕膳食纤维在胡萝卜饮料中的应用［J］.新农业（17）：37-40.

徐学明，1994.木薯叶作动物饲料的可能性及局限性［J］.饲料工业（8）：38-42.

闫恒，张辉，2016.石榴化学成分及其药理作用研究进展［J］.中国处方药，14（2）：18-19.

阳飞，覃凌云，张华山，等，2015.醋酸菌分类及其应用研究进展［J］.中国调味品，40（10）：112-115，124.

杨立霞，李锦，2012.醋酸菌在生物转化中的应用［J］.河北化工，35（4）：35-38.

杨龙，张冠冬，宋雁超，等，2017.野生和栽培木薯叶片的营养及饲料价值研究［J］.南方农业学报，48（2）：238-245.

杨明华，太周伟，俞政全，等，2016.膳食纤维改性技术研究进展［J］.食品研究与开发，37（10）：207-210.

杨雪梅，赵建锐，王智慧，等，2020.电子鼻技术及其在茶叶香气检测中的应用及展望［J］.中国茶叶，42（6）：5-9.

杨洋，李晓儿，李煜彬，2015.对木瓜酵素中抗氧化物质活性的研究［J］.食品安全导刊（24）：78-81.

叶朋飞，罗程，黄丝艳，等，2019.乳酸菌发酵云参酵素的工艺优化及其功能研究［J］.云南农业大学学报（自然科学版），34（5）：896-905.

尹欢，方伟，2020.药食两用植物酵素活性成分及发酵机理研究进展［J］.农产品加工（3）：89-91，94.

余毅，李庆龙，2008.小麦麸膳食纤维系列食品开发研究［D］.武汉：武汉工业大学.

袁丽，高瑞昌，田永全，2007.石榴营养保健功能及开发利用［J］.农业工程技术（农产品加工）（10）：38-40.

苑兆和，尹燕雷，朱丽琴，等，2008.石榴保健功能的研究进展［J］.山东林业科技，38（1）：91-93.

曾凡逵，周添红，刘刚，2013.马铃薯淀粉加工副产物资源化利用研究进展［J］.农业工程技术（农产品加工业）（11）：38-42.

张海峰，白杰，张英，2009.我国石榴资源及其开发利用的研究进展［J］.饮料工业，12（8）：1-3.

张建成，屈红征，张晓伟，2005.中国石榴的研究进展［J］.河北林果研究，20（3）：265-267.

张立华，郝兆祥，董业成，2015. 石榴的功能成分及开发利用 [J]. 山东农业科学，47（10）：133-138.

张情亚，雷登凤，余德顺，等，2015. 不溶性生姜膳食纤维改性的工艺优化 [J]. 食品科技（8）：86-90.

张润光，吴倩，张亮，等，2012. 石榴籽油的研究进展 [J]. 农产品加工（6）：26-29.

张世仙，杨春梅，吴金鸿，等，2009. 豆渣膳食纤维提取方法及功能研究进展 [J]. 西南师范大学学报（自然科学版）（4）：93-97.

张晓龙，田亚红，常丽新，等，2014. 响应面优化超声－碱解法提取玉米芯中可溶性膳食纤维的工艺 [J]. 食品工业科技，35（12）：262-267.

赵德英，闫帅，徐锴，等，2020. 美国苹果生产和栽培技术概述 [J]. 北方果树（5）：1-5.

赵光远，许艳华，陈美丽，等，2017. 石榴渣多酚提取及抗氧化活性研究 [J]. 食品工业科技，38（5）：228-231.

郑刚，胡娟，吴洪斌，等，2011. 3 种可溶性膳食纤维对大鼠血脂的影响 [J]. 食品科学，32（3）：233-237.

郑钜圣，韩冬，寿天星，等，2011. 膳食纤维与心血管疾病 [J]. 浙江预防医学（10）：24-27.

郑艺梅，刘长华，陈树坤，等，2008. 石榴皮和石榴籽组分的差异性分析 [J]. 农产品加工（12）：36-37.

中国轻工业联合会，2018. 酵素产品分类导则：QB/T 5324—2018 [S]. 北京：中国轻工业出版社.

钟礼云，林文庭，2008. 膳食纤维降血脂作用及其机制的研究概况 [J]. 海峡预防医学杂志，14（1）：26-28.

仲玉梅，1989. 木薯叶成熟过程中营养成分的变化 [J]. 食品工业科技（6）：24-27.

周江涛，赵德英，陈艳辉，等，2021. 中国苹果产区变动分析 [J]. 果树学报，38（3）：372-384.

周璐丽，胡海超，王定发，等，2020. 饲喂青贮木薯茎叶对海南黑山羊生长性能和肉质的影响 [J]. 养殖与饲料，19（8）：11-15.

周璐丽，王定发，张振文，等，2016. 华南 7 号木薯茎叶营养价值评价 [J]. 热带作物学报，37（12）：2245-2249.

周倩，孙立立，戴衍鹏，等，2013. 石榴皮、石榴瓤及石榴籽的化学成分比较研究［J］. 中国中药杂志，38（13）：2159-2162.

周鑫玉，2014. 石榴皮多糖的提取、分离纯化研究［D］. 西安：陕西师范大学.

朱彩平，张艳霞，张晓，等，2015. 石榴皮多酚提取方法研究进展［J］. 食品与发酵工业，41（11）：243-248.

朱海兰，2010. 玉米种皮膳食纤维的提取及改性研究［D］. 郑州：河南工业大学.

朱政，周常义，曾磊，等，2019. 酵素产品的研究进展及问题探究［J］. 中国酿造，38（3）：10-13.

邹丽芳，沈以红，黄先智，等，2016. 食品功能性成分降血脂作用机理研究进展［J］. 食品科学，37（5）：239-244.

邹良平，起登凤，孙建波，等，2013. 木薯生氰糖苷研究进展［J］. 热带农业科学（10）：43-46.

A.CERVANTES-ELIZARRARÁS, N. CRUZ-CANSINO, E. RAMÍREZ-MORENO, et al., 2019. In vitro probiotic potential of lactic acid bacteria isolated from aguamiel and pulque and antibacterial activity against pathogens［J］. Applied Sciences, 9（3）：601.

A. CHWASTEK, E. KLEWICKA, R. KLEWICKI, et al., 2016. Lactic acid fermentation of red beet juice dupplemented with waste highbush blueberry-sucrose osmotic syrup as a method of probiotic beverage production［J］. Journal of Food Processing & Preservation, 40：780-789.

A.T. ADESULU, K.O. AWOJOBI, 2014. Enhancing sustainable development through indigenous fermented food products in Nigeria［J］. African Journal of Microbiology Research, 8（12）：1338-1343.

ADEKEMI TITILAYO ADESULU-DAHUNSI, SAMUEL OLATUNDE DAHUNSI, et al., 2020. Synergistic microbial interactions between lactic acid bacteria and yeasts during production of Nigerian indigenous fermented foods and beverages［J］. Food Control, 110：106963.

AKHTAR S, ISMAIL T, FRATERNALE D, et al., 2015. Pomegranate peel and peel extracts：Chemistry and food features［J］. Food Chemistry, 174：417-425.

ALTUNKAYA A, HEDEGAARD RV, BRIMER L, et al., 2013. Antioxidant capacity versus chemical safety of wheat bread enriched with pomegranate peel powder［J］. Food & Function, 4（5）：722-727.

ARUNA P, VENKATARAMANAMMA D, SINGH AK, et al., 2016. Health benefits of punicic acid：a review［J］. Comprehensive Reciews in Food Science and Food Safety, 15（1）：16-27.

ASLAM MN, LANSKY EP, VARANI J, 2006. Pomegranate as a cosmeceutical source: pomegranate fractions promote proliferation and procollagen synthesis and inhibit matrix metalloproteinase-1 pro-duction in human skin cells [J] . Journal of Ethnopharmacology, 103 (3): 311-318.

ATHANASIOS K, KIERAN T, JULIE L, 2015. Apples and cardiovascular health-is the gut microbiota a core consideration ? [J]. Nutrients, 7 (6): 3959-3998.

BLUMBER J, VITA J, CHEN C, 2015. Concord grape juice polyphenols and cardiovascular risk factors: Dose-response relationships [J]. Nutrients, 7 (12): 10032-10052.

BONDONNO N P, BONDONNO C P, RICH L, et al., 2017. Flavonoid-rich apple improves endothelial function in individuals at risk for cardiovascular disease [J]. Journal of Nutrition & Intermediary Metabolism, 8: 79-80.

BONDONNO N P, BONDONNO C P, Blekkenhorst L C, et al., 2018. Flavonoid-rich apple improves endothelial function in individuals at risk for cardiovascular disease: A randomized controlled clinical trial [J]. Molecular Nutrition & Food Research, 62 (3): 79-80.

BRADBURY J H, DENTON I C, 2014. Mild method for removal of cyanogens from cassava leaves with retention of vitamins and protein [J] . Food Chemistry, 158: 417-420.

BRADBURY J H, DENTON I C, 2011. Mild methods of processing cassava leaves to remove cyanogens and conserve key nutrients [J] . Food Chemistry, 127 (4): 1755-1759.

BROCK T J, BROWSE J, WATTS J L, 2007. Fatty acid desaturation and the regulation of adiposity in Caenorhabditis elegans [J] . Genetics, 176 (2): 865-875.

BUTTRISS J L, STOKES C S, 2008. Dietary fibre and health: an overview [J] . Nutrition Bulletin, 33 (3): 186-200.

CANJA C, MĂZĂREL A, LUPU M, et al., 2016. Dietary fiber role and place in baking products [J] . Engineering Series, 9 (2): 91-96.

CARRIER M., LOPPINET-SERANI A, DENUX D, et al., 2011. Thermogravimetric analysis as a new method to determine the lignocellulosic composition of biomass [J] . Biomass and Bioenergy, 35 (1): 298-307.

CHAMP M, LANGKILDE AM, BROUNS F, et al., 2003. Advances in dietary fibre characterisation.1. Definition of dietary fibre, physiological relevance, health benefits and analytical aspects [J] . Nutrition Research Reviews, 16 (1): 71-82.

CHEN H M, FU X, LUO Z G, 2015. Properties and extraction of pectin-enriched materials from sugar beet pulp by ultrasonic-assisted treatment combined with subcritical water [J]. Food Chemistry, 168: 302-310.

CHOO C L, AZIZ N, 2010. Effects of banana flour and β -glucan on the nutritional and sensory evaluation of noodles [J]. Food Chemistry, 119 (1): 34-40.

CICERO ARRIGO F G, FOGACCI FEDERICA, COLLETTI ALESSANDRO, 2017. Food and plant bioactives for reducing cardiometabolic disease risk: an evidence based approach [J]. Food & function, 8 (6): 2076-2088.

CLOSE C. SAMPATH, M.R. RASHID, S. SANG, et al., 2017. Specific bioactive compounds in ginger and apple alleviate hyperglycemia in mice with high fat diet-induced obesity via Nrf 2 mediated pathway [J]. Food Chemistry, 226: 79-88.

CLOSE D. ZIELINSKA, J.M. LAPARRA-LLOPIS, H. ZIELINSKI, et al., 2019. Role of apple phytochemicals, phloretin and phloridzin, in modulating processes related to intestinal inflammation [J]. Nutrients, 11 (5): 1173.

CLOSE J. OSZMIAŃSKI, A. WOJDYLO, J. KOLNIAK, 2009. Effect of enzymatic mash treatment and torage on phenolic composition, antioxidant activity, and turbidity of cloudy apple juice [J]. Journal of Agricultural and Food Chemistry, 57 (15): 7078-7085.

CLOSE M. TISS, Z. SOUIY, N. BEN ABDELJELIL, et al., 2020. Fermented soymilk prepared using kefir grains prevents and ameliorates obesity, type 2 diabetes, hyperlipidemia and Liver-Kidney toxicities in HFFD-rats [J]. Journal of Functional Foods, 67 : 103869.

COLANTUONO A, FERRACANE R, VITAGLIONE P, 2016. In vitro bioaccessibility and functional properties of polyphenols from pomegranate peels and pomegranate peels-enriched cookies [J]. Food & Function, 7 (10): 4247-4258.

COLANTUONO A, VITAGLIONE P, FERRACANE R, et al., 2017. Development and functional characterization of new antioxidant dietary fibers from pomegranate, olive and artichoke by-products [J]. Food research international, 101: 155-164.

COSTA C, TSATSAKIS A, C. MAMOULAKIS, et al., 2017. Current evidence on the effect of dietary polyphenols intake on chronic diseases [J]. Food and Chemical Toxicology, 110: 286-299.

COSTA MP, FRASAO BS, SILVA AC, et al., 2015. Cupuassu (Theobroma grandiflorum) pulp, probiotic, and prebiotic: influence on color, apparent viscosity, and texture of goat milk yogurts [J]. Journal of Dairy Science, 98 (9): 5995.

DELAHAYE EPD, JIMÉNEZ P, PÉREZ E, 2005. Effect of enrichment with high content dietary fiber stabilized rice bran flour on chemical and functional properties of storage frozen pizzas [J]. Journal of Food Engineering, 68 (1): 1-7.

ELLEUCH M, BEDIGIAN D, ROISEUX O, et al., 2011. Dietary fibre and fibre-rich by-products of food processing: characterisation, technological functionality and commercial applications: A review [J]. Food Chemistry, 124: 411-421.

FENG, YANJUN, ZHANG, et al., 2017. Recent research process of fermented plant extract: A review [J]. Trends in Food Science & Technology, 65 (1): 40-48.

FERNÁNDEZ-GINÉZ J M, FERNÁNDEZ-LÓPEZ J, SAYAS-BARBERÁ E, et al., 2003. Effects of storage conditions on quality characteristics of bologna sausages made with citrus fibre [J]. Journal of Food Science, 68: 710-715.

FILIZ İÇIERA, GÜLTEN TIRYAKI, GÜNDÜZ, et al., 2015. Changes on some quality characteristics of fermented soy milk beverage with added apple juice [J]. LWT-Food Science and Technology, 63 (1): 57-64.

FINELY JW, SANDLIN C, HOLLIDAY DL, et al., 2013. Legumes reduced intestinal fat deposition in the Caenorhabditis elegansmodel system [J]. Journal of Functional Foods, 5 (3): 1487-1493.

FRÉDÉRIC LEROY, LUC DE VUYST, 2004. Lactic acid bacteria as functional starter cultures for the food fermentation industry [J]. Trends in Food Science & Technology, 15 (2): 67-78.

GAO C F, KING M L, FITZPATRICK Z L, et al., 2015. Prowashonupana barley dietary fibre reduces body fat and increases insulin sensitivity in Caenorhabditis elegans model [J]. Journal of Function Foods, 18: 564-574.

GARROW J S, 1992. Treatment of obesity [J]. The Lancet, 340 (8816): 409-413.

GIGLIO R V, PATTI A M, CICERO A F G, et al., 2018. Polyphenols: Potential use in the prevention and treatment of cardiovascular diseases [J]. Current Pharmaceutical Design, 24 (2): 239-258.

H. CORY, S. PASSARELLI, J. SZETO, et al., 2018. The role of polyphenols in human health and food systems: A mini-review [J]. Front Nutr, 5: 87.

HALIMA B H, SONIA G, SARRA K, et al., 2018. Apple cider vinegar attenuates oxidative stress and reduces the risk of obesity in high-fat-fed male wistar rats [J]. Journal of Medicinal Food, 21 (1): 70.

HAN F, GUO Y P, GU H Y, et al., 2016. Application of alkyl polyglycoside surfactant in ultrason-ic-assisted extraction followed by macroporous resin enrichment for the separation of vitex-in-2″-O-rhamnoside and vitexin from crataegus pinnatifida leaves [J]. Journal of Chromatography B, 1012-1013: 69-78.

HASHEMI S M B, MOUSAVI KHANEGHAH A, BARBA F J, et al., 2017. Fermented sweet lemon juice (Citrus limetta) using Lactobacillus plantarum LS5: Chemical composition, antioxidant and anti-bacterial activities [J]. Journal of Functional Foods, 38: 409-414.

HASNAOUI N, WATHELET B, JIMENEZ-ARAUJO A, 2014. Valorization of pomegranate peel from 12 cultivars: dietary fibre composition, antioxidant capacity and functional properties [J]. Food Chemistry, 160: 196-203.

HENRIQUE SILVANO ARRUDA, IRAMAIA ANGELICA NERI-NUMA, LARISSA AKEMI KIDO, et al., 2020. Recent advances and possibilities for the use of plant phenolic compounds to manage ageing-related diseases [J]. Journal of Functional Foods, 75: 104203.

HIPSLEY E H, 1953. Dietary "fiber" and pregnancy toxaemia [J]. British Medical Journal, 2 (4833): 420-422.

IQBAL S, HALEEM S, AKHTAR M, et al., 2008. Efficiency of pomegranate peel extracts in stabilization of sunflower oil under accelerated conditions [J]. Food Research Internatinal, 41 (2): 194-200.

IRINI, LAZOU, AHRÉN, et al., 2015. Antihypertensive activity of blueberries fermented by Lactobacillus plantarum DSM 15313 and effects on the gut microbiota in healthy rats [J]. Clinical Nutrition, 34 (4): 719-726.

ISMAIL T, AKHTAR S, RIAZ M, et al., 2014. Effect of pomegranate peel supplementation on nutritional, organoleptic and stability properties of cookies [J]. International Journal of Food Science & Nutrition, 65 (6): 661-666.

JACOMETTI G, MELLO L, NASCIMENTO P, et al., 2015. The physicochemical properties of fibrous residues from the agro industry [J]. LWT – Food Science and Technology, 62: 138-143.

JEANELLE BOYER, RUI HAI LIU, 2004. Apple phytochemicals and their health benefits [J]. Nutrition Journal, 3 (1): https://doi.org/10.1186/1475-2891-3-5.

JEONG H S, KIM H Y, AHN S H, et al., 2014. Optimization of enzymatic hydrolysis conditions for extraction of pectin from rapeseed cake (Brassica napus L.) using commercial enzymes [J]. Food Chemistry, 157 (33): 332-338.

JIANG S, LIU H, LIU Z, et al., 2017. Adjuvant effects of fermented red ginseng extract on advanced non-small cell lung cancer patients treated with chemotherapy

[J]. Chinese Journal of Integrative Medicine, 23: 331-337.

JONAS DE ROOS, LUC DE VUYST, 2017. Acetic acid bacteria in fermented foods and beverages [J]. Current Opinion in Biotechnology, 49: 115-119.

Joy E J, Ander E L, Young S D, et al. Dietary mineral supplies in Africa [J]. Physiol Plant. 2014, 151 (3): 208-229.

KHATIB M, GIULIANI C, ROSSI F, et al., 2017. Polysaccharides from by-products of the Wonderful and Laffan pomegranate varieties: New insight into extraction and characterization [J]. Food Chemistry, 235: 58-66.

KIM B, HONG V M, YANG J, et al., 2016. A review of fermented foods with beneficial effects on brain and cognitive function [J]. Preventive Nutrition and Food Science, 21 (4): 297-309.

KIM J H, JIA Y Y, LEE G, et al., 2014. Hypolipidemic and antiinflammation activities of fermented soybean fibers from meju in C57BL/6 J mice [J]. Phytotherapy Research, 28 (9): 1335-1341.

KOSTOGRYS R B, FILIPIAK-FLORKIEWICZ A, DEREN K, 2017. Effect of dietary pomegranate seed oil on laying hen performance annd physicochemical properties of eggs [J]. Food Chemistry, 221: 1096-1103.

KSCHONSEK J, WOLFRAM T, STÖCKL A, et al., 2018. Polyphenolic compounds analysis of old and new apple cultivars and contribution of polyphenolic profile to the in vitro antioxidant vapacity [J]. Antioxidants, 7 (1): 20.

KUN S, REZESSY-SZABÓ JM, NGUYEN QD, et al., 2008. Changes of microbial population and some components in carrot juice during fermentation with selected Bifidobacterium strains [J]. Process Biochemistry, 43 (8): 816-821.

KWAW E, MA Y, TCHABO W, et al., 2018. Effect of lactobacillus strains on phenolic profile, color attributes and antioxidant activities of lactic-acid-fermented mulberry juice [J]. Food Chemistry, 250: 148-154.

LAAKSONEN O, KULDJARV R, PAALME T, et al., 2017. Impact of apple cultivar, ripening stage, fermentation type and yeast strain on phenolic composition of apple ciders [J]. Food Chemistry, 233: 29-37.

LAI L R, HSIEH S C, HUANG H Y, et al., 2013. Effect of lactic fermentation on the total phenolic, saponin and phytic acid contents as well as anti-colon cancer cell proliferation activity of soymilk [J]. Journal of Bioscience and Bioengineering, 115 (5): 552-556.

LEEUW J A, JONGBLOED A W, VERSTEGEN MWA, 2004. Dietary fiber stabilizes

blood glucose and insulin levels and reduces physical activity in sows（Sus scrofa）
［J］. The Journal of Nutrition, 134（6）: 1481-1486.

LI F, JIA X, BAO X, et al., 2016. Study on antioxidation effect of polyphenols from
pomegranate peel in vivo［J］. Agriculture Science & Technology, 17（1）: 164-
167.

LIAO N B, ZHONG J J, YE X Q, et al., 2015. Ultrasonic-assisted enzymatic
extraction of polysaccharide from Corbicula fluminea: characterization and
antioxidant activity［J］. LWT-Food Science and Technology, 60（2）: 1113-1121.

LINK A, BALAGUER F, GOEL A, 2010. Cancer chemoprevention by dietary
polyphenols: Promising role for epigenetics［J］. Biochemical Pharmacology, 80
（12）: 1771-1792.

LIU G M, XU X, HAO Q F, et al., 2009. Supercritical CO_2 extracation optimization
of pomegranate（Punica granatum L.）seed oil using response surface methodology
［J］. LWT-Food Science and Technology, 42（9）: 1491-1495.

LOU Z, WANG H, WANG D, et al., 2009. Preparation of inulin and phenols-rich
dietary fibre powder from burdock root［J］. Carbohydrate Polymers, 78: 666-671.

LUCIANA GABRIELA RUIZ RODRÍGUEZ, VÍCTOR MANUEL ZAMORA
GASGA, MICAELA PESCUMA, et al., 2021. Fruits and fruit by-products as
sources of bioactive compounds. Benefits and trends of lactic acid fermentation in
the development of novel fruit-based functional beverages［J］. Food Research In-
ternational（140）: 109854.1—109854.17.

MA M M, MU T H, 2016. Modification of deoiled cumin dietary fiber with laccase and
cellulase under high hydrostatic pressure［J］. Carbohydrate Polymers, 136: 87-94.

MA M M, MU T H, SUN H N, et al., 2015. Optimization of extraction efficiency by
shear emulsifying assisted enzymatic hydrolysis and functional properties of dietary
fiber from deoiled cumin（Cuminum cyminum L.）［J］. Food Chemistry, 179:
270-277.

MALEC M, LE QUÉRÉ J M, SOTIN H, et al., 2014. Polyphenol profiling of a
red-fleshed apple cultivar and evaluation of the color extractability and stability in the
juice［J］. Journal of Agricultural & Food Chemistry, 62（29）: 6944-6954.

MANINI F, BRASCA M, PLUMED-FERRER C, et al., 2014. Study of the
chemical changes and evolution of microbiota during sourdoughlike fermentation of
wheat bran［J］. Cereal Chemistry, 91（4）: 342-349.

MARCO M L, HEENEY D, BINDA S, et al., 2017. Health benefits of fermented
foods: microbiota and beyond. Current Opinion in Biotechnology, 44: 94-102.

MARI L M, CLAUDIA B, MANUEL V M, et al., 2015. Properties of dietary fibers from agroindustrial coproducts as source for fiber-enriched foods [J]. Food and bioprocess technology, 8 (12): 2400-2408.

MARTHA, GILES-GÓMEZ, GIOVANNI J, et al., 2016. In vitro and in vivo probiotic assessment of Leuconostoc mesenteroides P45 isolated from pulque, a Mexican traditional alcoholic beverage [J]. SpringerPlus, 5 (1): 708.

MARTÍNEZ R, TORRES P, MENESES M A, et al., 2012b. Chemical, technological and in vitro antioxidant properties of cocoa (*Theobroma cacao* L.) co-products [J]. Food Research International, 49: 39-45.

MATHERN J R, RAATZ S K, THOMAS W, et al., 2009. Effect of fenugreek fiber on satiety, blood glucose and insulin response and energy intake in obese subjects [J]. Phytotherapy Research, 23 (11): 1543-1548.

MODESTO JUNIOR E N, CHISTÉ R C, PENA R D S, 2019. Oven drying and hot water cooking processes decrease HCN contents of cassava leaves [J]. Food Research International, 119: 517-523.

MORGAN J, MOSAWY S, 2016. The potential of apple cider vinegar in the management of type 2 diabetes [J]. Journal of Diabetes Research (6): 129-134.

MUSACCHI S, SERRA S, 2018. Apple fruit quality: Overview on pre-harvest factors [J]. Scientia Horticulturae, 234: 409-430.

NOUT M J R, 2014. Food technologies: Fermentation [J]. Encyclopedia of Food Safety, 3: 168-177.

OMAR N A, ALLITHY A N, FALEH F M, et al., 2015. Apple cider vinegar (a prophetic medicine remedy) protects against nicotine hepatotoxicity: a histopathological and biochemical report [J]. American Journal of Cancer Prevention, 3 (6): 122-127.

ORTEGA, ANGELES, ESCUDERO-LOPEZ, et al., 2015. Consumption of orange fermented beverage reduces cardiovascular risk factors in healthy mice [J]. Food & Chemical Toxicology, 78: 78-85.

PAN S, WU S, 2014. Cellulase-assisted extraction and antioxidant activity of the polysaccharides from garlic [J]. Carbohydrate Polymers, 111: 606-609.

PAPATHANASOPOULOS A, CAMILLERI M, 2010. Dietary Fiber Supplements: Effects in obesity and metabplic syndrome and relationship to gastrointestinal function [J]. Gastroenterology, 138 (1): 65-72.

PARK S J, NURIKA I, SUHARTINI S, et al., 2020. Carbonation of not from concentrate apple juice positively impacts shelf-life [J]. LWT-Food Science and Technology, 134: 110128.

PENG W, MENG D, YUE T, et al., 2020. Effect of the apple cultivar on cloudy apple juice fermented by a mixture of Lactobacillus acidophilus, Lactobacillus plantarum, and Lactobacillus fermentum [J]. Food Chemistry, 340: 127922.

PRAKASH M J, MANIKANDAN S, NIVETHA C V, et al., 2017. Ultrasound assisted extraction of bioactive compounds from nephelium lappaceum L. fruit peel using central composite face centered response surface design [J]. Arabian Journal of Chemistry, 10: S1145-S1157.

QI J, LI Y, MASAMBA K G, et al., 2016. The effect of chemical treatment on the In vitro hypoglycemic properties of rice bran insoluble dietary fiber [J]. Food Hydrocolloids, 52: 699-706.

RABETAFIKA H N, BCHIR B, BLECKER C, et al., 2014. Comparative study of alkaline extraction process of hemicelluloses from pear pomace. Biomass and Bioenergy, 61: 254-264.

RAI A K, KUMARASWAMY J, 2015. Health benefits of functional proteins in fermented foods [M]. Press: CRC.

RAMOS C L, SCHWAN R F, 2017. Technological and nutritional aspects of indigenous Latin America fermented foods [J]. Current Opinion in Food Science, 13: 97-102.

RAVINDRAN V, 1993. Cassava leaves as animal feed: Potential and limitations [J]. Journal of the science of food and agriculture, 61 (2): 141-150.

SANJUKTA S, RAI A K, 2016. Production of bioactive peptides during soybean fermentation and their potential health benefits [J]. Trends in Food Science & Technology, 50: 1-10.

ŞANLIER N, GÖKCEN B B, SEZGIN A C, 2019. Health benefits of fermented foods [J]. Critical Reviews in Food Science and Nutrition, 59 (3): 506-527.

SANTA-MARÍA C, REVILLA E, MIRAMONTES E, et al., 2010. Protection against free radicals (UVB irradiation) of a water-soluble enzymatic extract from rice bran. Study using human keratinocyte monolayer and reconstructed human epidermis [J]. Food & Chemical Toxicology An International Journal, 48 (1): 83-88.

SEYMA SEHADET TASDEMIR, NEVIN SANLIER, 2020. An insight into the anticancer effects of fermented foods: A review [J]. Journal of Functional Foods, 75: 104281.

SHIVANGI S, SUJATHA K, DIGAMBAR K, et al., 2018. Probiotic characterization and antioxidant properties of Weissella confusa KR780676, isolated from an Indian fermented food [J]. LWT- Food Science and Technology, 97: 53-60.

SHUQING Z, CHINGYUAN H, YURONG G, et al., 2021. Polyphenols in fermented apple juice: Beneficial effects on human health [J]. Journal of Functional Foods, 6: 104294.

SOLOMONS N, 2002. Fermentation, fermented foods and lactose intolerance [J]. European Journal of Clinical Nutrition, 56 (S4): S50-S55.

STANTON C, ROSS R P, FITZGERALD G F, et al., 2005. Fermented functional foods based on probiotics and their biogenic metabolites [J]. Current Opinion in Biotechnology, 16 (2): 198-203.

STANTON C, ROSS R P, FITZGERALD G F, et al., 2005. Fermented functional foods based on probiotics and their biogenic metabolites [J]. Curr Opin Biotechnol, 16 (2): 198-203.

SUDHA M L, BASKARAN V, LEELAVATHI K, 2007. Apple pomace as a source of dietary fiber and polyphenols and its effect on the rheological characteristics and cake making [J]. Food Chemistry, 104 (2): 686-692.

SUN J X., SUN R C, SUN X F, et al., 2004. Fractional and physico-chemical characterization of hemicelluloses from ultrasonic irradiated sugarcane bagasse [J]. Carbohydrate Research, 339 (2): 291-300.

SYMONEAUX R, CHOLLET S, BAUDUIN R, et al., 2014. Impact of apple procyanidins on sensory perception in model cider (part 2): Degree of polymerization and interactions with the matrix components [J]. Lwt Food Science & Technology, 57 (1): 28-34.

TALEKAR S, PATTI A F, SINGH R, et al., 2018. From waste to wealth: High recovery of nutraceuticals from pomegranate seed waste using a green extraction process [J]. Industrial Crops & Products, 112: 790-802.

TAMANG J P, DONG-HWA S, SU-JIN J, et al., 2016. Functional properties of microorganisms in fermented foods [J]. Frontiers in Microbiology, 7: 578.

TAPATI BHANJA DEY, SUBHOJIT CHAKRABORTY, KAVISH KR. JAIN, et al., 2016. Antioxidant phenolics and their microbial production by submerged and solid state fermentation process: A review [J]. Trends in Food Science & Technology, 53: 60-74.

TEJADA-ORTIGOZA V, GARCIA-AMEZQUITA LE, SERNA-SALDIVAR SO,

et al., 2016. Advances in the Functional Characterization and Extraction Processes of Dietary Fiber [J]. Food Engineering Reviews, 8（3）: 251-272.

Thang C M, Ledin I, Bertilsson J, 2010. Effect of feeding cassava and/or Stylosanthes foliage on the performance of crossbred growing cattle [J]. Tropical Animal Health and Production, 42（1）: 1-11.

TIAN Y, SUN L, YANG Y, et al., 2018. Changes in the physicochemical properties, aromas and polyphenols of not from concentrate（NFC）apple juice during production [J]. CyTA-Journal of Food, 1: 755-764.

TU ZC, L J L, RUAN R S, et al., 2006. Study on production of high activity dietary fiber from soybean dregs [J]. Food Science, 27（7）: 144-147.

VAFA M R, HAGHIGHATJOO E, SHIDFAR F, et al., 2011. Effects of apple consumption on lipid profile of hyperlipidemic and overweight men [J]. International Journal of Preventive Medicine, 2（2）: 94-100.

VASCONCELLOS S P, CEREDA M P, CAGNON J R, et al, 2009. IN VITRO DEGRADATION OF LINAMARIN BY MICROORGANISMS ISOLATED FROM CASSAVA WASTEWATER TREATMENT LAGOONS [J]. Brazilian Journal of Microbiology, 40: 879-883.

VERGARA-VALENCIA N, GRANADOS-PÉREZ E, AGAMA-ACEVEDO E, et al., 2007. Fibre concentrate from mango fruit: characterization, associated antioxidant capacity and application as a bakery product ingredient [J]. LWT - Food Science and Technology, 40: 722-729.

WANG C H, MA Y L, ZHU D Y, et al., 2017. Physicochemical and functional properties of dietary fiber from Bamboo Shoots（Phyllostachys praecox）[J]. Emirates Journal of Food and Agriculture, 29（7）: 509-517.

WANG W J, MA X B, JIANG P, et al., 2016. Characterization of pectin from grapefruit peel: A comparison of ultrasound-assisted and conventional heating extractions [J]. Food Hydrocolloids, 61: 730-739.

WARDHANI D H, VÁZQUEZ J A, PANDIELLA S S, 2010. Optimisation of antioxidants extraction from soybeans fermented by Aspergillus oryzae [J]. Food Chemistry, 118: 731-739.

WEN Y, NIU M, ZHANG B J, et al., 2017. Structural characteristics and functional properties of rice bran dietary fiber modified by enzymatic and enzyme-micronization treatments [J]. LWT-Food Science and Technology, 75: 344-351.

WIBOWO S, ESSEL E A, DEAN S, et al., 2019. Comparing the impact of high pressure, pulsed electric field and thermal pasteurization on quality attributes of cloudy apple juice using targeted and untar-geted analyses [J]. Innovative Food Science and Emerging Technologies, 54：64-77.

YAN X G, YE R, CHEN Y, 2015. Blasting extrusion processing：The increase of soluble dietary fiber content and extraction of soluble-fiber polysaccharides from wheat bran [J]. Food Chemistry, 180：106-115.

YANG Y Y, MA S, WANG X X, et al., 2017. Modification and application of dietary Ffiber in foods [J]. Journal of Chemistry (10)：1-8.

YEOH S, SHI J, LANGRISH TAG, 2008. Comparisons between different techniques for water-based extraction of pectin from orange peels [J]. Desalination, 218 (5)：229-237.

YU ZHANG, WEIPENG LIU, ZEHUA WEI, et al., 2020. Enhancement of functional characteristics of blueberry juice fermented by *Lactobacillus plantarum* [J]. LWT, 139：110590.

ZHANG J, WANG Z W, 2013. Soluble dietary fiber from Canna edulis Ker by-product and its physicochemical properties [J]. Carbohydrate Polymers, 92 (1)：289-296.

ZHANG W M, ZENG G L, PAN Y G, et al., 2017. Properties of soluble dietary fiber-polysaccharide from papaya peel obtained through alkaline or ultrasound-assisted alkaline extraction [J]. Carbohydrate Polymers, 172：102-112.

ZHAO H M, GUO X N, ZHU K X, 2017. Impact of solid state fermentation on nutritional, physical and flavor properties of wheat bran [J]. Food Chemistry, 217：28-36.

ZHU C P, ZHAI X C, LI L Q, et al., 2015. Response surface optimization of ultrasound-assisted polysaccharides extraction from pomegranate peel [J]. Food Chemistry, 177：139-146.

ZHU Y, CHU J X, LU Z X, et al., 2018. Physicochemical and functional properties of dietary fiber from foxtailmillet (Setaria italic) bran [J]. Journal of Cereal Science, 79：456-461.

ŽIVKOVIĆ J, ŠAVIKIN K, JANKOVIĆ T, et al., 2018. Optimization of ultrasound-assisted extraction of polyphenolic compounds from pomegranate peel using response surface methodology [J]. Separation & Purification Technology, 194：40-47.

ZSOLT ZALÁN, HEGYI F, ERIKA ERZSÉBET SZABÓ, et al., 2015. Bran fermentation with lactobacillus strains to develop a functional ingredient for sourdough production [J]. International Journal of Nutrition and Food Sciences, 4 (4)：409-419.

附　图

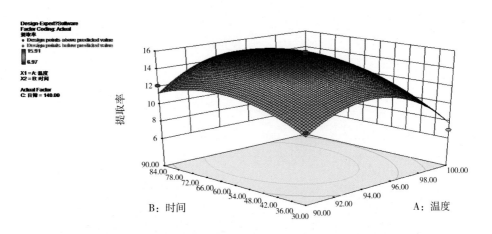

Design-Expert?Software
Factor Coding: Actual
提取率
● Design points above predicted value
○ Design points below predicted value
15.91
6.97

X1 = A: 温度
X2 = B: 时间

Actual Factor
C: 目数 = 140.00

B：时间　　　　　　　　　　　　　　　A：温度

彩图 1　玉米须多糖提取温度（A）和时间（B）对提取率（Y）的影响（C=140 目）

彩图 2　马铃薯淀粉加工副产物

彩图 3　第一次（A）和第二次（B）刈割高度

彩图 4　刈割时植株高度（A）和刈割高度（B）

彩图 5　木薯嫩茎叶粉碎和晾晒

彩图 6　青贮时晾晒程度

彩图 7 青贮设备及未密封好青贮饲料发霉情况

彩图 8 青贮饲料外观品质（从左到右分别为好—中—差）

淀粉加工作坊取样	淀粉加工厂取样	淀粉加工厂取样
亟须资源化利用的薯渣	薯渣样品	薯渣样品

彩图 9　不同品种、加工技术来源甘薯废渣样品

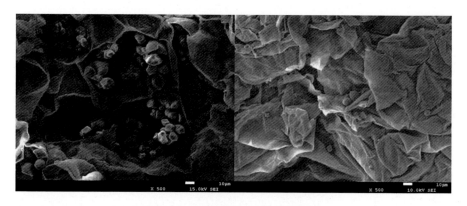

彩图 10　甘薯渣中残余的大量淀粉

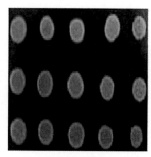

| 鼠李糖乳杆菌 | 产朊假丝酵母 | 酿酒酵母 |

彩图 11　可用于甘薯渣制备蛋白饲料的微生物

彩图 12　甘薯渣制备的蛋白饲料

彩图 13　甘薯渣制备蛋白饲料技术在金梅农业开发有限公司试用

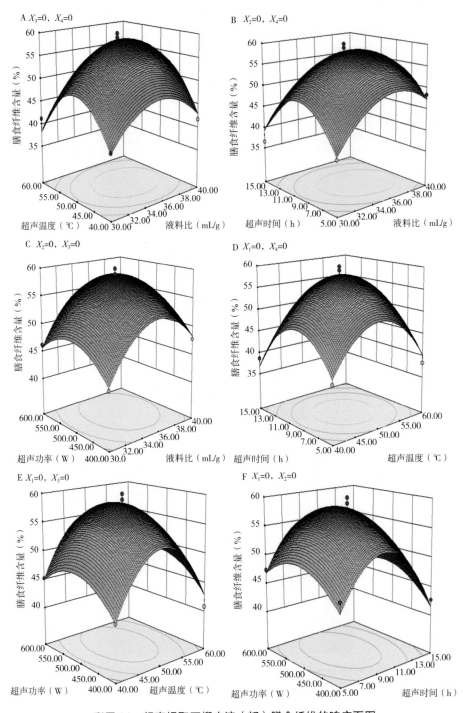

彩图14 超声提取石榴皮渣（籽）膳食纤维的响应面图

（X_1：液料比，X_2：超声温度，X_3：超声时间，X_4：超声功率）

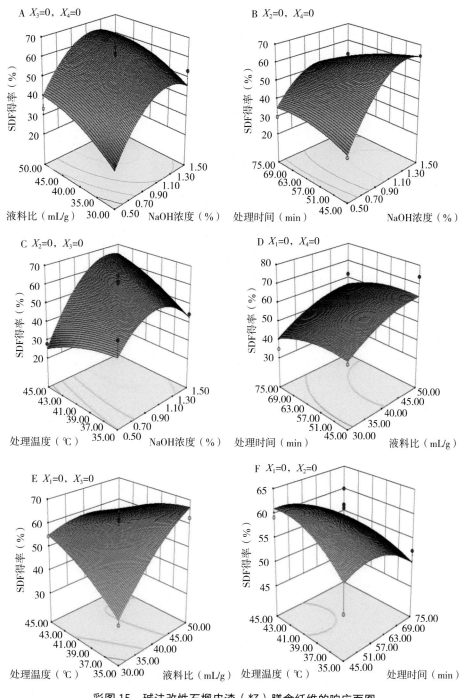

彩图 15　碱法改性石榴皮渣（籽）膳食纤维的响应面图

（X_1：NaOH 浓度，X_2：液料比，X_3：改性时间，X_4：改性温度）

彩图 16　PMs、EDF 和 MDF 的电子扫描电镜图